Friedrich Reber

Physik-Wissen
für Schule & Studium

FRANZIS
ELEKTRONIK

Friedrich Reber

Physik-Wissen

FÜR SCHULE & STUDIUM

Bibliografische Information der Deutschen Bibliothek

Die Deutsche Bibliothek verzeichnet diese Publikation in der Deutschen Nationalbibliografie; detaillierte Daten sind im Internet über **http://dnb.ddb.de** abrufbar.

Hinweis

Alle Angaben in diesem Buch wurden vom Autor mit größter Sorgfalt erarbeitet bzw. zusammengestellt und unter Einschaltung wirksamer Kontroll-maßnahmen reproduziert. Trotzdem sind Fehler nicht ganz auszuschließen. Der Verlag und der Autor sehen sich deshalb gezwungen, darauf hinzuweisen, dass sie weder eine Garantie noch die juristische Verantwortung oder irgendeine Haftung für Folgen, die auf fehlerhafte Angaben zurückgehen, übernehmen können. Für die Mitteilung etwaiger Fehler sind Verlag und Autor jederzeit dankbar.

Internetadressen oder Versionsnummern stellen den bei Redaktionsschluss verfügbaren Informationsstand dar. Verlag und Autor übernehmen keinerlei Verantwortung oder Haftung für Veränderungen, die sich aus nicht von ihnen zu vertretenden Umständen ergeben. Evtl. beigefügte oder zum Download angebotene Dateien und Informationen dienen ausschließlich der nicht gewerblichen Nutzung. Eine gewerbliche Nutzung ist nur mit Zustimmung des Lizenzinhabers möglich.

Satz: DTP-Satz A. Kugge, München
art & design: www.ideehoch2.de
Druck: Legoprint S.p.A., Lavis (Italia)
Printed in Italy

ISBN 978-3-7723-**4130-4**

Wichtige Hinweise

Produkt- und Firmenbezeichnungen können gleichzeitig auch einge-tragene Markenzeichen sein, die zu beachten sind, auch wenn nicht explizit deren Inhaber genannt werden. Die in diesem Buch wiederge-gebenen Schaltungen, Verfahren, Beispiele, Codes und Abbildungen werden ohne Rücksicht auf die Patentlage mitgeteilt. Sie sind aus-schließlich für Amateur- und Lehrzwecke bestimmt und dürfen nur mit Genehmigung des potentiellen Lizenzinhabers bzw. Urhebers gewerb-lich genutzt werden.

Für den Inhalt dieses Buches kann keine absolute Fehlerfreiheit garan-tiert werden. Der Autor und der Verlag weisen deshalb darauf hin, dass sie weder eine juristische Verantwortung übernehmen oder für poten-tielle Fehler und deren Folgen haften. Für Mitteilung potentieller Feh-ler sind Verlag und Autor jederzeit dankbar. Alle Experimente sind von fachkundigen und volljährigen Aufsichtspersonen zu überwachen, falls der Leser unter 18 Jahre alt ist.

Die in diesem Buch genannten Links werden zu rein informativen Zwecken aus rein wissenschaftlichen Gründen genannt.

Jegliche Ähnlichkeit mit lebenden oder bereits verstorbenen oder aufgrund der Abbildungen aktuell verstorbe-nen Personen wäre rein zufällig ☺.

Inhalt

Vorwort

Physik?

»Im nächsten Schuljahr bekommst Du auch Physik!« Das klang irgendwie, als müsse man sich vor einer schlimmen Krankheit fürchten ☺.

Diese Einstellung ist erschreckend weit verbreitet, warum auch immer.

Warum gerade Physik? Hat man im Leben nichts Wichtigeres zu tun, als sich mit öden und komplizierten Formeln herumzuärgern? Und dann auch noch jede Menge Mathe dabei... Kryptische Zeichen und seltsame Erklärungen, scheinbar fern jeglicher Realität. Naja, zugegeben, der Wille zum Mitdenken muss schon vorhanden sein und das Niveau ist normalerweise relativ hoch, weil man oft abstrahieren muss. Aber so schlimm ist das jetzt auch wieder nicht. Denken ist gut für die Intelligenz ☺.

Aber was heißt eigentlich Abstrahieren?

Abstrahieren bedeutet das gedankliches Zerlegen komplexer Vorgänge in einfache Modelle. Diese Modelle beschreiben dann die Realität hinreichend genau für das, was man betrachten will, so dass man diese Vorgänge leichter mit Formeln beschreiben kann. Das ist ähnlich einer Zusammenfassung in Deutsch, in der man auch aus einer umfangreichen Geschichte das Wesentliche heraussucht, um es als Roten Faden niederzuschreiben.

Eine einzige Formel kann mehr als tausend Worte sagen. Das bekannteste Beispiel ist wahrscheinlich Einstein's Formel:

$$E = m \cdot c^2$$

Trivial ausgedrückt: Winzige Massen enthalten gigantische Energien, wenn man sie freisetzen kann. Der fatale Beweis hierfür ist die Atombombe.

Nein, liebe Mütter, wir wollen KEINE Atombombe bauen ☺.

Aber überlegt bitte mal, welche gigantischen Auswirkungen die Atomkraft auf unsere Gesellschaft hat. Hiroshima, Nagasaki, militärische Drohpotentiale, die Nutzung der Kernenergie, Castortransporte, Gorleben, Tschernobyl, auf Jahrmillionen verstrahlte Gebiete, Krebsrisiken, usw.

»Die Physiker« sind schuld. Sind sie das? Ja und nein, nicht mehr oder weniger als die Hersteller von Messern für die damit begangenen Morde. Allerdings sehe ich die Physiker als Fachleute schon in der Verantwortung, aus ihrer Sicht auf potentielle Gefahren hinzuweisen und sich gesellschaftlich zu engagieren. Jeder muss Verantwortung und Sorgfalt tragen für das, was er macht und kritisieren, was nicht in Ordnung ist.

Wissen lässt sich auf Dauer nicht verheimlichen und die moralische Unreife der Menschheit ist das eigentliche Problem. Das hat aber sozialgenetische Ursachen und keine physikalischen.

Will man Physik betreiben, kommt man um ein paar naturwissenschaftliche Prinzipien nicht herum. Es ist nicht so wie im täglichen Leben, dass jeder alles unbewiesen behaupten kann, nein man muss es, meist durch Experimente, unzweifelhaft **beweisen**. Das EXPERIMENT ist also die Überprüfung einer These oder Theorie an der Natur, die wir als Realität betrachten. Führt nur ein einziges Experiment zu einem Gegenbeweis, muss das ganze Gedankengebäude neu überdacht werden.

Aussagen sind also nur so lange bewiesen, bis jemand irgendwann die Unrichtigkeit nachweisen kann. Das ist eine der grandiosen Stärken aller wahren Naturwissenschaften. In keinem anderen Schulfach ist man der überprüfbaren Realität näher als in Physik, Mathematik und Chemie, den sogenannten Naturwissenschaften.

Vielleicht ist aber auch gerade das der Grund, warum sich viele mit Physik schwer tun: Man kann nicht viel diskutieren, man muss streng logisch denken, was vielen in der Mathematik schon schwer fällt.

Das kann eine wahre Wohltat sein, wenn man sich im Vergleich andere Fächer wie Sozialkunde, Geschichte, Gesellschaftslehre, Religion oder auch teilweise Deutsch anschaut. Hier haben Interpretationen einen riesigen Spielraum und der Abstand zur Realität kann gewaltig sein, sofern diese überhaupt noch von Interesse ist :-)

Ich persönlich empfinde das als eine fatale Zeitverschwendung. Die tägliche Realität erfordert ganz andere und logische Denkweisen, um dem Alltag und den Herausforderungen gewachsen zu sein. Unsere Gesellschaft ist hochtechnisiert und ein Ende davon ist nicht absehbar, ganz im Gegenteil.

Jede Technik basiert aber auf physikalischen Gesetzen, sei es die Elektronik, die Chemie, die Biologie, der Maschinenbau, die Ingenieurwissenschaften, usw. Vom MP3-Player bis zum Atommeiler, vom Teleskop zum Mikroskop, vom Universum zu den Quarks, vom Duschgel zum Halogenstrahler, vom Laser zum Auto, usw., alles beschreibt die Physik. Ohne physikalische Grundlagen würden wir vermutlich heute noch in Höhlen hausen.

Zeit sich mit etwas Dankbarkeit für die genialen Leistungen unserer Denkväter wie Newton, Einstein, Watt, Volt und wie sie alle hießen und heißen an dem Verständnis unserer Welt zu beteiligen.

Die Physik arbeitet oft mit Modellen, die die Realität möglichst exakt beschreiben.

Bei aller Begeisterung für physikalische Zusammenhänge sollte man sich trotzdem bewusst sein, dass jedes Modell ein paar reale Haken hat

und unser Verständnis biologische Grenzen besitzt, die einfach unser Vorstellungsvermögen einschränken. Wir können uns gut körperhafte Dinge vorstellen, weil wir diese aus unserem Alltag kennen, aber Dinge, die man nicht »**begreifen**« kann, entziehen sich oft unserer Fantasie.

Die Physiker haben für viele Teilgebiete sehr exakte Theorien und Formeln anzubieten. Das Ziel, eine allumfassende physikalische »Weltformel« zu entwickeln, die alle Theorien vereinigt, ist bis heute noch nicht verwirklicht worden.

Physikalische Fortschritte beruhen auf logischem Denken, also der Fähigkeit Regeln zu erkennen, diese anzuwenden und zu weiteren Folgerungen daraus zu kommen. Theoretisch besteht die Möglichkeit, dass unsere Logik an sich uns letztendlich in eine Sackgasse führt. In der Quantenphysik gibt es viele Effekte, die wider der Logik verlaufen und trotzdem real sind. Auch der Zufall ist in Form des Planckschen Wirkungsquantums fest in unsere Welt eingebaut. Selbst der Zufall scheint im gewissen Rahmen vom Beobachter abzuhängen.

Das alles ist sehr verwirrend und stärkt nicht gerade unser altes Weltbild. »Gott würfelt nicht« soll Einstein einmal gesagt haben. Es muss nicht Gott sein, aber es würfelt tatsächlich jemand.

Akustik

Der Schall

Akustik ist die Lehre vom Schall. Töne und Musik kennt jeder, doch bevor der Mensch sich diese aneignete, musste er schon Jahrhunderttausende durch Geräusche Gefahren oder Beute erkennen und orten können.

Was ist Schall? Schall ist eine Druckwelle, die sich mit Schallgeschwindigkeit ausbreitet. Die Schallgeschwindigkeit bei normalem Luftdruck und -feuchte beträgt etwa 340 m/s. Dies gilt nur für Luft! Feste Stoffe leiten den Schall erheblich schneller. Stahl kommt auf etwa 5000 m/s. 5 km in einer Sekunde, das ist doch schon was...

Schall kann man durch 2 Größen beschreiben, die **Lautstärke** (Amplitude) und die **Frequenz** (Tonhöhe, gemessen in **Hertz**). Eine Explosion, ein Zischen, ein Knall ist im Gegensatz zu einem reinen Ton einer Stimmgabel durch sehr viele verschiedene gleichzeitige Tonhöhen charakterisiert. Doch fangen wir mit etwas Einfacherem an.

Musikinstrumente

Wir betrachten mal eine Gitarre. Am besten so ein Exemplar aus Papi's alten Woodstock-Zeiten, als Musik noch Pionierleistung unter widrigen Umständen war ☺.

Eine Gitarre hat 6 Saiten, die alle unterschiedliche Tonhöhe besitzen. Aus dem Musikunterricht wisst Ihr vielleicht, dass die 6 Seiten den Tönen E, A, D, G, H und E (Ein Alter Dussel Geht Heute Einkaufen) entsprechen, wobei das letzte E sehr viel höher als das erste klingt, 2 Oktaven höher um genau zu sein. Eine Oktave »nach oben« ist übrigens physikalisch eine Frequenzverdopplung. Wenn wir vorsichtig eine leere Saite anschlagen erklingt ein Ton. Was passiert hier? Die Saite bringt den Resonanzkörper der Gitarre zum Mitschwingen und wir hören bei Akustikgitarren einen relativ lauten Ton.

Elektrogitarren arbeiten übrigens anders. Hier übernimmt ein Tonabnehmer die Saitenschwingung und wandelt sie in ein elektrisches Signal um, das, meist extrem verstärkt und mit Effekten verfremdet, über einen Verstärker und Boxen das verzückte Ohr des Zuhörers irreparabel schädigen kann.

Die Stahlsaiten einer Elektrogitarre erzeugen im Tonabnehmer eine Spannung, weil sie dessen Magnetfeld verändern und somit in der Spule des Tonabnehmers eine Induktionsspannung entsteht.

Bleiben wir deshalb bei unserer Akustikgitarre mit dem Holzkorpus, der also mitschwingt oder resoniert, so dass wir Schallwellen wahrnehmen können.

Unsere angeschlagene Saite schwingt also und zwar mit einer Grundfrequenz, die von der Länge zwischen den Auflagern, der Masse der Saite und der Spannung derselben abhängt. Die Gitarre wird gestimmt, d. h. auf die gewollten Tonhöhen der Leersaiten gebracht, indem man an den 6 Mechaniken solange dreht, bis die oben genannten Töne erreicht werden oder einem die Saiten um die Ohren fliegen, weil man sie überdreht hat. Das kann im wahrsten Sinn des Wortes ins Auge gehen, deswegen bitte nicht damit herumspielen. Wer schon einmal eine gerissenen Saite ins Gesicht oder unter den Fingernagel bekommen hat, weiß, wovon ich hier rede.

Durch Niederdrücken auf die Bünde können wir die Tonhöhe ändern, weil sich dadurch die Schwingungslänge verkürzt, womit der Ton höher wird.

Wir halten fest, eine Saite klingt umso höher, je fester sie gespannt ist, je dünner sie ist und je kürzer sie ist.
Aus diesen Gründen sind die tiefen Saiten immer dicker als die hohen.

Warum klingt denn eigentlich eine Gitarre anders als eine Geige oder eine Harfe, die ja auch Saiten haben? Der einfachste Fall wäre, wenn eine Saite nur auf ihrer Grundfrequenz schwingt. Den Gefallen tut sie aber dem Physiker nicht, sie erzeugt auch sogenannte Oberwellen, d. h. Frequenzen, die ein Vielfaches der Grundfrequenz sind. Welche dies sind und in welcher Amplitude diese sich mit der Grundfrequenz

mischen, hängt wesentlich von der Bauart eines Instruments ab, die den Klang bestimmt. Diese **Oberwellen** nennt man auch **Harmonische**.

Betrachten wir den Kammerton a mit 440 Hz. Dann können z. B. folgende Harmonische auftreten: 880 Hz, 1320 Hz, 1760 Hz, usw.

Der zeitliche Verlauf einer **Grundwelle** würde z. B. so aussehen:

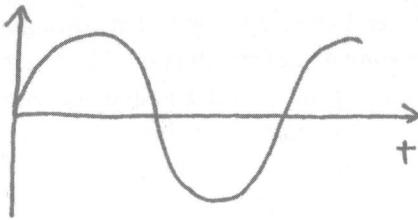

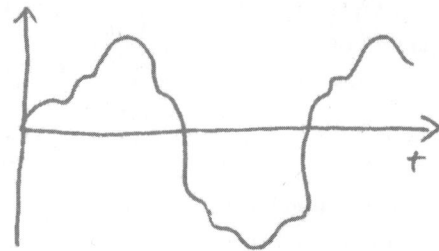

Das zweite Bild zeigt den Verlauf der Grundwelle mit Obertönen, den Harmonischen, die den Klangcharakter, den Sound eines Instrumentes bestimmen.

Jetzt wissen wir, dass die verschiedenen Bauweisen von Instrumenten hauptsächlich klanglichen Kriterien unterliegen. Warum ich immer quietschende Türen mit Geigen assoziiere, die ja völlig anders aussehen, weiß ich allerdings nicht ☺.

Wir haben jetzt Töne durch schwingende Saiten erzeugt, aber im Prinzip ist es egal, was da schwingt und die Luft anregt, deren Schwingungen wir letztendlich im Ohr hören. Das können schwingende Holz- oder Metallplättchen sein, wie bei Mundharmonikas, Saxophonen oder direkt Luft wie bei Flöten oder Orgelpfeifen. Es geht auch völlig ohne mechanische Schwinger mittels Elektronik wie z. B. bei Keyboards oder Soundkarten.

Wenn wir nun Papi's Klampfe in einer Besenkammer und in einer (verlassenen) Kirche malträtieren, werden wir deutliche Soundunterschiede feststellen, die offensichtlich von der Umgebung herrühren. Eine Kirche hallt normalerweise, weil die Innenwände relativ weit von der Schallquelle entfernt und zudem oftmals verwinkelt oder schräg sind. Hier wird unser Klang zigfach zwi-

schen den Wänden hin- und herreflektiert, bis er schließlich nach einer gewissen Zeit, der Nachhallzeit, verebbt. Das kann, je nach Raumgröße und Geometrie, richtig gut klingen, während unsere Besenkammer eher ein Ort zum Abgewöhnen sein dürfte, weil es »trocken« und unangenehm klingt. Was hier fehlt ist der Nachhall, englisch »Reverb« genannt, der dem Ohr Rauminformationen vermittelt.

Einen anderen Effekt kennen wir aus den Bergen oder auch manchmal dem Wald. Wenn wir rufen, hören wir uns selbst nach kurzer Zeit periodisch abflauend wieder. Dies nennt man Echo. Man kann ein Echo auch als langen Nachhall mit wenig Reflexionen auffassen.

Anwendungen

Der Mensch kann, je nach Alter, Tonhöhen zwischen 16 Hz und 20000 Hz hören. Erwachsene hören etwa noch bis 12000 Hz, da nützt auch Ohrenputzen nix mehr. Hohe Lautstärken (Disco, Walkman, MP3-Player, etc.) verursachen irreparable Gehörschäden bis zur Taubheit oder Tinnitus (ein nicht endendes permanentes Geräusch im Ohr). Leute seid vernünftig und dreht alles etwas leiser (!)

Unsere Ohren können auch orten, wo ein Geräusch herkommt. Dies funktioniert, weil unser Gehirn geringste **Laufzeitunterschiede** zwischen den beiden Ohren in Echtzeit auswertet.

Wie beim Licht gibt es auch beim Schall Bereiche, die unser Ohr nicht wahrnehmen kann. Deswegen nennen wir Töne unter 16 Hz Infraschall und Töne über 20000 Hz Ultraschall.

Fledermäuse erzeugen bekanntlich **Ultraschallwellen**, um Insekten in völliger Dunkelheit durch Auswertung der **Reflexionen** zu orten. In Arztpraxen werden Ultraschallwellen dazu benutzt, um

gefahrlos das Körperinnere anschauen zu können. Diese so gewonnenen Bilder können sogar Bewegungen erfassen.

Ultraschall ist nach bisherigem Wissen für den Körper in den verwendeten Amplituden völlig harmlos, ebenso wie die Kernspintomografie (MRT). Leider kann man das vom Röntgen bzw. der Röntgentomografie (CRT) nicht behaupten, da diese Zellschäden verursachen können.

Infraschall entsteht bei sich langsam bewegenden, meist schweren Körpern wie Autos, LKWs, Flugzeuge oder auch Erdbeben. Viele Tiere können dies wahrnehmen, die Menschen nicht, zumindest nicht ohne technische Hilfsmittel.

Öffnende und schließende Türen sowie Fenster erzeugen ebenfalls Infraschall.

Töne und Technik

Was wäre Musik, wenn wir sie nicht speichern könnten? Vor dieser Zeit war ein Konzert eine wirklich jedes Mal einzigartige Angelegenheit. Der menschliche Erfindungsgeist hat uns eine Reihe verschiedener Verfahren beschert, Musik über die Jahrzehnte zu retten. Angefangen von filigranen Spieluhren über Grammophone, Tonband, Plattenspieler, CD-Spieler bis hin zu MP3-Playern und anderen modernen Geräten wurde alles getan, um das fallende musikalische Niveau mittels steigendem technischen Aufwand unserer jeweils erschütterten Nachwelt zu erhalten.

Letztendlich kommen fast alle Sounds aus Lautsprechern. Betrachten wir uns mal eine typische Lautsprecherbox mit einem Basslautsprecher, Mitteltönern und Hochtönern. Diese Lautsprechertypen erkennt man an ihrem abnehmenden Durchmesser. Da die Schallgeschwindigkeit ziemlich konstant ist, variiert die Wellenlänge mit der Tonhöhe. Umgekehrt ausgedrückt: Je tiefer der Ton, desto größer die Wellenlänge.

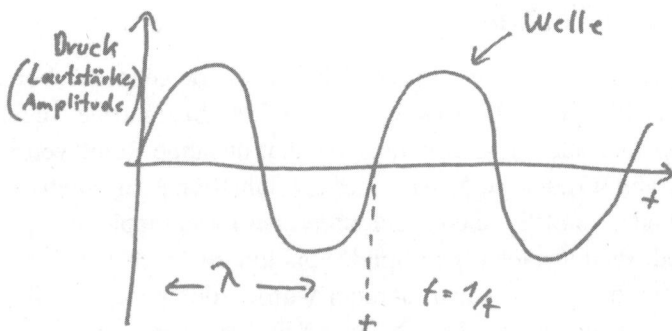

Bei 440 Hz ist die Wellenlänge genau 1 m, bei 220 Hz
2 m bei 110 Hz 4 m, bei 55 Hz (Bass) schon 8 m.
Das ist der Grund, warum tiefe Frequenzen auch
durch dicke Mauern schlechter gedämmt
werden können als hohe Töne. Um tiefe Töne noch vernünftig abstrahlen zu können,
benötigt man relativ große Lautsprecher,
weswegen die Basslautsprecher immer
den größten Durchmesser haben. Tiefe
Frequenzen breiten sich auch praktisch
kugelförmig im Raum aus und sind deswegen nicht zu orten. Deswegen ist es
praktisch egal, wo man seinen Subwoo-
fer bei der Heimkinoanlage hinstellt. Hohe Frequenzen hingegen breiten sich eher **strahlförmig** aus, weswegen Hochtöner oft Trichter besitzen, um den Schall künstlich quer in den Raum zu streuen.

Warum benötigt man eigentlich eine geschlossene Box und nicht nur
eine offene Montageplatte? Da sich die tiefen Frequenzen kugelförmig
ausbreiten, würden sie die Rückseite der Membran erreichen und sich
selbst damit akustisch kurzschließen. Die Folge wäre eine sehr geringe Lautstärke im Bassbereich. Das wäre zwar für die Nachbarn interessant, aber nicht im Sinne des Besitzers.

Resonanz

Bei dem Beispiel mit der Gitarre ist die Resonanz erwähnt worden,
ohne die wir bei Akustikgitarren, Geigen, Celli, Kontrabässen, usw.
nicht allzu viel hören würden. Resonieren könnte man mit »mitklin-
gen« übersetzen und tatsächlich kann Schall
andere Körper zum Mitschwingen bringen.

Wenn wir uns vor eine Akustikgitarre stellen und laut von tiefen bis zu hohen Tönen
singen, werden wir bemerken, dass es Frequenzen gibt, wo die Saiten anfangen mit-

zuschwingen. Sie geraten in Resonanz. Es findet eine Energieübertragung statt mit der Besonderheit, dass diese aufsummiert wird.

Vielleicht habt Ihr einmal die Bilder von einer einstürzenden Betonbrücke gesehen, die sich durch Winde bei ihrer Resonanzfrequenz aufgeschaukelt hat? Das war eine sehr beeindruckende Demonstration von Resonanz. Leider endete sie für einige Menschen tödlich, als die Brücke mit ihnen ins Meer stürzte.

Wie kann das passieren? Jeder starre Körper hat aufgrund seines Gewichtes, seiner Länge und seiner Befestigung Resonanzfrequenzen. Werden diese Resonanzfrequenzen nicht gedämpft, können sich die Amplituden bei Resonanz ständig vergrößern, bis zur Zerstörung des Körpers im Extremfall. Das sind natürlich Ausnahmen. Gitarren fliegen einem ja auch nicht um die Ohren, wenn man einen ihrer Resonanztöne trifft. Sie sind entsprechend konstruiert.

Resonanz bei Instrumenten

Ganz im Gegenteil benutzt man Resonanz beim Erzeugen von Tönen. Ein grausiges Beispiel ist die gemeine Blockflöte, die unsere Herzen zur Weihnachtszeit auf eine harte Probe stellt. Wenn mich einer fragt, klingen die Dinger immer schief, unabhängig vom Benutzer, zumindest wenn es C-Flöten sind. Mein Musiklehrer konnte mir damals auch nicht sagen, ob man damit das Christkind verscheucht oder für was das löchrige Holz sonst noch gut sein könnte.

Wie funktioniert die gemeine Blockflöte? Genauso wie Orgeln und viele andere Blasinstrumente. Ein Luftstrom trifft auf eine Kante einer schrägen Einblassöffnung und erzeugt so eine Art lautes Rauschen, das eine stehende Luftsäule zum Schwingen auf ihrer Resonanzfrequenz bringt (Rauschen hat ein statistisches Frequenzspektrum, d. h. alle möglichen Frequenzen kommen darin mehr oder weniger gleichzeitig überlagert vor).

Bei Orgeln bilden stehende Zylinder verschiedener Länge diese Resonatoren. Bei Flöten verändert man durch die Finger die Schwingungseigenschaften der im Rohr befindlichen Luftsäule. Bei Blasinstrumenten geschieht dies über Klappen und Umleitungen. Hier waren die Menschen sehr erfindungsreich gewesen und haben die tollsten

Konstruktionen ausgetüftelt. Man denke nur an den Dudelsack, bei dem sogar der Name Programm ist ☺.

Synthetische Sounds

Nein, ganz im Ernst gehört schon eine Menge Tüftelei und Liebhaberei zum Erfinden neuer Instrumente und dem Verbessern derselben. Ebensoviel Enthusiasmus gehört zum Entwickeln elektronischer Instrumente wie Synthesizer, die mittlerweile fast jedes andere Instrument naturgetreu klanglich nachbilden können. Weit über die Imitation traditioneller Instrumente gehen die Synthesemöglichkeiten aktueller Synthesizer hinaus. Sie generieren Klänge, die ein mechanisches Instrument nie erzeugen könnte. So können von ganzen Orchestern bis zu spacigen Sounds alle möglichen abgefahrenen Klangkreationen erzeugt werden.

Hierzu wird sehr viel Mathematik und physikalische Kenntnis über akustische Vorgänge benötigt, weil heutzutage digitale Signalprozessoren mittels komplexer mathemati-
scher Methoden künstliche Klänge berechnen. Theoretische Physik und Mathematik gefangen in kleinen Chips.
Für unsere Vorfahren undenkbar.

Irgendwann werden virtuelle Physiker in Chips eingebaut,
die uns dann die Arbeit und vor allem das Denken abneh-
men ☺.

waagerecht

1. Tonhöhe
4. Lautstärke
6. sehr tiefe Töne
9. Schallreflektion
10. Frequenzverdopplung

senkrecht

2. sehr hohe Töne
3. Oberwellen
5. Sound
7. Mitschwingen
8. Lehre vom Schall

Astronomie

Die Sternenkunde

Astronomie könnte man mit »Sternenkunde« übersetzen. Aber was haben die Sterne
mit Physik zu tun? Eine ganze Menge, wie
wir noch sehen werden.

Manche Leute verwechseln Astronomie mit Astrologie, also »Stern-
deuterei«, die keinerlei wissenschaftliche Grundlage besitzt.

Was in Horoskopen geschrieben wird und wissenschaftlichen Eindruck erwecken soll, hat keinerlei bekannte physikalischen Hinter-
gründe und ist für meine Begriffe einfach Quatsch mit viel Soße. Es ist
wie mit Placebos: Der Glaube versetzt Berge. Nun denn, wer's
braucht...

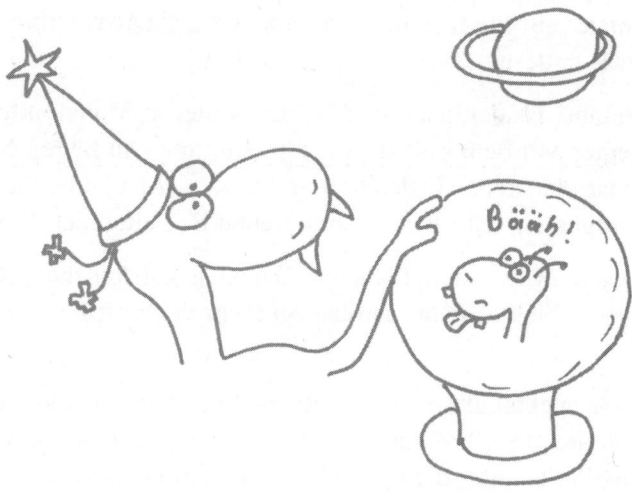

Zurück zur Realität ☺.

Schauen wir an einer klaren Nacht in den Himmel, entdecken wir un-
zählige Sterne, die zu funkeln scheinen. Das Funkeln ist ein Flimmern,
das durch die Brechung der Lichtstrahlen in der Erdatmosphäre durch
verschiedene Luftschichten entsteht, die sich bewegen. Wir kennen
dies, wenn wir z. B. an einem heißen Sommertag flach über den Asphalt
schauen und diese seltsamen Schlieren sehen, die so vor sich hinwab-
bern.

Was ist ein Stern? Ein Stern ist eine Sonne, also ein selbstleuchtendes
Objekt, in dem ein atomares Feuer »brennt« und so hohe Temperatu-
ren erzeugt, dass es Licht erzeugt, das wir sehen können. Der nächste
Stern ist etwa 3,4 Lichtjahre entfernt und wird Alpha Centauri genannt.
Ein Lichtjahr ist die Entfernung, die ein Lichtstrahl in einem Jahr zu-
rücklegt:

$$3 \cdot 10^5 \text{ km/s} \cdot 365 \cdot 24 \cdot 3600\text{s} = 9,46 \cdot 10^{12} \text{ km}$$
das sind also etwa 9,5 BILLIARDEN Kilometer

Im Vergleich dazu ist unser Mond »nur« 380000 km von uns entfernt.
Unsere Sonne, ein Stern mittlerer Größe, ist etwa 149 Millionen km
von der Erde entfernt.

Alpha Centauri ist demnach 63538 mal weiter von uns entfernt als
unsere Sonne! Mit dem bloßen Auge erkennt man an klaren Nächten
auch ein paar Planeten, wie den »roten Planeten« Mars oder die Venus.
Nicht zu vergessen, natürlich unseren treuen Begleiter, den Mond.

Weitere Details, wie andere Planeten, Galaxien, galaktische Nebel und
viele weitere Objekte, sieht man dagegen nur vernünftig mit Telesko-
pen.

Wer sich für spektakuläre Bilder interessiert, sollte im Internet nach
den Aufnahmen vom Weltraumteleskop Hubble suchen. Da tun sich
fantastische Welten auf, die jedem Science-Fiction spotten.

Bleiben wir ein bisschen bei unserer Sonne. Sie hat einen Durchmesser von rund 1,4 Millionen km. Im Innern herrschen Temperaturen von
ca. 15 Millionen Kelvin, die durch den hohen Schweredruck in Verbindung mit der Kernfusion entstehen, bei der Masse in Energie ge-

wandelt wird. Die Sonne »verbrennt« Wasserstoff zu Helium und zwar in einer Sekunde über 4 Milliarden kg!

Dieser Vorgang entspricht Einsteins berühmter Formel

$$E = mc^2$$

Die Sonne besitzt eine Masse von etwa $2 \cdot 10^{30}$ kg. Sie wird demnach noch einige Milliarden Jahre strahlen. Momentan emittiert sie pro Sekunde etwa

$4 \cdot 10^{26}$ Joule.

Auf der Erde kommen davon etwa 1,3 kW/m² an.

Das Sonnenlicht benötigt $149 \cdot 10^9$ m/ $3 \cdot 10^8$ m/s = 8,3 Minuten bis zur Erde. Das bedeutet, wir sehen unsere Sonne immer, wie sie vor 8,3 Minuten aussah. Wie alt ist das Licht, das wir als den Stern Alpha Centauri sehen? Richtig, es ist 3,4 Jahre alt! Ein Blick in den Weltraum ist also immer ein Blick in die Vergangenheit, weil die Entfernungen riesig sind, selbst für das Licht.

Unseren Mond sehen wir übrigens genau dort, wo er etwa vor gut einer Sekunde war, weil er etwa 380000 km von uns entfernt ist.

Wenn der Wasserstoffvorrat unserer Sonne zu Ende geht, wird sie anfangen, Heliumkerne zu verschmelzen, wobei sie ihren Durchmesser drastisch vergrößern und zu einem sogenannten Roten Riesen werden wird, der charakteristisches rotes Licht aussendet. Hierdurch wird jegliches Leben auf unserer Erde vernichtet werden.

Aber keine Angst, das dauert noch ein paar Milliarden Jahre.
Die Menschheit schafft das früher ;-)

Die Sonne ist mit ihrer riesigen Masse das Zentrum unseres Sonnensystems.

Um sie kreisen alle Planeten mit ihren Monden, sofern vorhanden.

Unser Sonnensystem befindet sich am Rande auf einem Spiralarm unserer Galaxie, die wiederum aus etwa 100 Milliarden Sternen mit ihren vermuteten Planeten besteht. Das Sternenband, welches wir an besonders klaren Nächten am Himmel sehen, nennen wir **Milchstraße**. Es ist der seitliche Blick von uns auf das Zentrum unserer eigenen Galaxie.

Unserer »eigenen« Galaxie? Ja, richtig gelesen: Es gibt noch schätzungsweise weitere 100 Milliarden Galaxien im Weltraum.

Leben im Weltraum?

Wer da noch glaubt, die Erde sei der einzige bewohnte Planet, ist wohl ziemlich naiv. Allerdings ist die Wahrscheinlichkeit, menschenähnliche Aliens zu treffen, die einen vergleichbaren Entwicklungsstand wie wir besitzen, praktisch null.

Warum, werdet Ihr Euch jetzt wahrscheinlich fragen.

Na ja, es ist zum einen ein »Timing-Problem« und zum anderen ein evolutionäres. Betrachtet man sich z. B. die Artenvielfalt auf unserem Planeten, so hätten theoretisch auch andere Tierarten die Entwicklungsschritte zur Kommunikation und Werkzeuggebrauch über die Jahrmillionen vollziehen können. Dann sähe das Leben auf der Erde ganz anders aus. Die Variationsmöglichkeiten der Evolution auf anderen Planeten sind theoretisch noch viel größer. Es wäre denkbar, dass es gasartige Wesen gibt, Wesen deren Biologie nicht auf Kohlenstoffverbindungen aufgebaut ist, Wesen, die aus elektromagnetischen Feldern bestehen, usw. Ob dies realistische Vermutungen sind, weiß kein Mensch. Hier sind die Sciencefiction-Autoren gefragt ☺.

Wenn unsere gegenwärtigen Zeitgenossen allerdings wie im Film »Alien« aussehen, wäre es wohl besser, keinen Kontakt zu haben. Umgekehrt wäre es für eine friedliche Art sicherlich nicht vorteilhaft, die Menschheit kennenzulernen.

Schließlich haben wir es immer noch nicht geschafft, friedlich miteinander zu leben und zu respektieren oder unseren kostbaren Planeten pfleglich zu behandeln. Es ist schon witzig, mit welcher Selbstüberschätzung die Menschheit auf Kontaktsuche geht, z. B. mit Radioteleskopen. Wenn wirklich eine uns überlegene Art auf uns aufmerksam werden sollte, könnten sie uns behandeln, wie wir unsere niederen Tierarten. Etwas Nachdenken wäre angebracht...

Kommen wir zu dem »Timing-Problem«. Betrachten wir einmal, wie lange es gedauert hat, bis die Menschheit ihren heutigen Wissenstand erreicht hat.

Lassen wir es einmal 10000 Jahre sein. Unser Planet ist aber ca. 4,5 Milliarden Jahre alt. Das komplette Menschheitswissen ist also in einem 1/450000-tel der Erdgeschichte gesammelt worden. Der Wissensschatz entwickelt sich exponentiell, was man anhand der Geschichte bis hin zur modernen Forschung nachvollziehen kann. Der menschliche Verstand hingegen und das ihn blockierende biologische Erbe entwickelt sich dagegen extrem schleichend weiter. Trägt man

jetzt einmal dieses aktuelle 1/450000-tel in ein Koordinatensystem ein, dann ist das praktisch ein senkrechter Strich nach oben.

»Oben« bedeutet Wissensmenge:

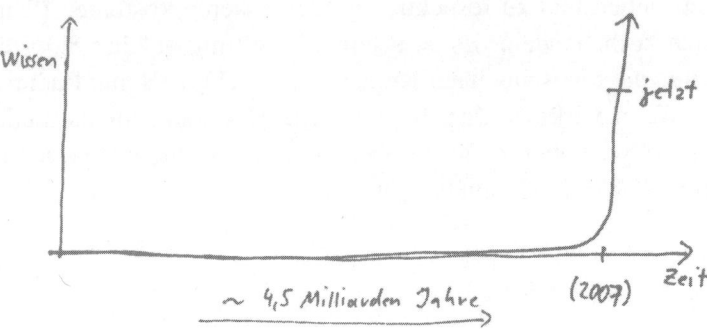

Um überhaupt auf dem gleichen Wissenstand zu sein, müssten die Entwicklungen des Wissens auf 2 Planeten praktisch völlig zeitgleich stattgefunden haben und auch noch zu vergleichbaren Resultaten geführt haben. Bei einer derart kurzen Zeitspanne bezogen auf das Alter eines Planeten und exponentiellem Wissenszuwachs ist die Wahrscheinlichkeit gegen null tendierend.

Es gibt sicherlich extrem viele Lebensformen im Weltall, aber wahrscheinlich sehen sie völlig anders aus, sind uns weit unterlegen oder sind uns weit voraus.

Die Wahrscheinlichkeit, dass es intelligentes Leben auf anderen Planeten gibt, das uns sehr weit überlegen ist, halte ich persönlich für sehr groß.

Unser Sonnensystem

Wie wir wissen, bildet unsere Sonne das Zentrum unseres Sonnensystems. Ihre Schwerkraft fesselt 9 Planeten an ihre Umlaufbahnen, die majestätisch ihre Runden in Form von elliptischen Bahnen ziehen.

In nachfolgender Tabelle sind einige wichtige Daten der Planeten unseres Sonnensystems zusammengefasst:

Planet	Distanz z. Sonne [Mio km]	Erd- massen	Umlauf- zeit um die Sonne [Jahre}	Durch- messer [km}	Mittlere Temperatur [Celsius]	Eigen- rotation [Tage]
Merkur	50	0,055	0,241	4900	400	58,6
Venus	108	0,815	0,615	12100	470	243
Erde	150	1	1	12760	20	1
Mars	228	0,107	1,88	6780	-50	1,02
Jupiter	780	318	11,9	142800	-150	0,41
Saturn	1430	95	29,6	120000	-180	0,44
Uranus	2871	14,5	85	51100	-210	0,72
Neptun	4500	17,2	165	4950	-230	0,67
Pluto	5910	0,002	252	2300	-230	6,4

Wie wir sehen können, sind alle anderen Planeten für unsere Verhältnisse sehr unwirtlich bzw. extrem lebensfeindlich.

Die Umlaufbahnen der Planeten liegen nicht exakt in einer Ebene, ebenso unterscheiden sich die Neigungen der Rotationsachsen voneinander.

Die Neigung der Erdachse zur Umlaufebene beträgt 23,4 Grad. Hierdurch sind unsere Jahreszeiten bedingt, da einmal die Nordhalbkugel und im nächsten Halbkreis die Südhalbkugel stärker von der Sonne bestrahlt wird.

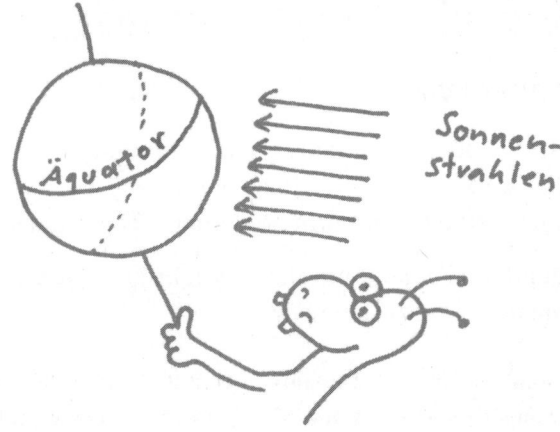

Unter bestimmten Bedingungen explodieren manche Sonnen und schleudern gewaltige Staubmassen in den Weltraum, die sich wiederum im Laufe kosmischer Zeiten zu neuen Sonnensystemen zusammenklumpen. Eine solche Explosion nennt man Supernova. So sind z. B. die schweren Elemente entstanden. Deren Existenz beweist, dass unsere Welt aus Sternenstaub besteht. Welch romantisch-philosophische Sicht unserer Existenz. Wir sind die Kinder einer vergangenen Welt. Soweit unser kleiner Ausflug in die Sternenkunde.

Druck & Co

Druckkraft

Bisher haben wir Kräfte immer im Zusammenhang mit festen Objekten betrachtet. Aber
auch Flüssigkeiten und Gase können
Kräfte ausüben. Dies geschieht über deren Druck. Was ist Druck? Druck ist definiert
als Kraft pro Fläche:

$P = F/A$ [N/m²] Die Einheit ist Pascal

$1 \text{ Pa} = 1 \text{ N/m}^2$

Wenn man sich unsere Erde aus dem Weltall betrachtet, fällt die dünne
Atmosphäre auf, die unseren Planeten umhüllt. Man erkennt auch, wie
dünn diese eigentlich im Verhältnis zur Erdkugel ist. So zart und zer-
brechlich wirkt sie und ist sie auch.

Dieser Flaum aus Sauerstoff, Stickstoff, Kohlendioxid und Spuren von
Edelgasen ermöglicht erst das Leben auf unserem Planeten. Im oberen
Bereich besteht unsere Atmosphäre übrigens aus Wasserstoff, da dieser erheblich leichter als die anderen Gase ist. Diese Lufthülle hat ein
Gewicht, weil sie von der Schwerkraft angezogen und damit gehalten
wird. Der Mond besitzt keine Lufthülle, weil seine Gravitation nicht
ausreicht, die Gasmoleküle zu halten. Durch das eigene Gewicht übt
unsere Atmosphäre einen Druck aus, den Luftdruck, der etwa 10^5 Pascal entspricht. Da dies etwas umständlich klingt, verwendet man oft
noch die Einheit Bar.

$1 \text{ bar} = 10^5 \text{ Pascal} = 10^5 \text{ N/m}^2 = 10 \text{ N/cm}^2$

Das entspricht etwa der Kraft, die 1kg Masse auf der Erde auf 1 cm²
ausübt.

So pro Quadratzentimeter betrachtet klingt
dies erst einmal nicht viel. Wenn man
sich aber überlegt, dass ein Autoreifen
mit etwa 2 bar aufgepumpt wird, so
übt er vom Reifeninneren her pro
Quadratzentimeter 20 N Druck aus.
Dies reicht, um ein ganzes Auto
auf 4 Rädern zu halten, weil der
Druck die Reifen von innen ver-
steift.

Wie groß müsste eine unter Druck stehen-
de Fläche sein, um einen Mann von 100 kg Gewicht mit 1 bar zu heben? Der Mann übt wegen der Schwerkraft

$$F = m \cdot g$$
die Kraft 100 kg • 9,81 m/s²

aus, das sind 981 N. 1 bar übt pro Quadratzentimeter 10 N an Kraft
aus.

Wir benötigen also 981 N / 10 N = die 98,1-fache Fläche, nämlich
rund 100 Quadratzentimeter. Das ist gerade mal ein Quadrat mit der
Kantenlänge 10 • 10 cm oder eine Kreisfläche von gut 11 cm Durchmesser, die notwendig wäre, unseren 100 kg Mann zu heben.

Der Luftdruck hängt von der Höhe ab. Je höher man in der Atmosphäre nach oben steigt, um so geringer wird der Luftdruck, bis hin zum Vakuum des Weltraums. Den Luftdruck am Boden kann man mit einem Barometer messen. Im Prinzip ist das eine luftgefüllte, verschlossene Dose, an deren einem Deckel ein Zeiger indirekt befestigt ist, so dass er eine Kreisbewegung bei Veränderung der Deckelwölbung ausführt. Da das innere Luftvolumen konstant ist, übt eine äußere Luftdruckänderung eine Kraft auf den Deckel aus, der zu einem Ausschlag des Zeigers führt. Hier am Boden ändern Luftfeuchte und Temperatur sowie Luftschichtungen den Luftdruck in geringem Maße.

Ohne den Schutz der Atmosphäre könnten wir nicht atmen und würden uns sofort auflösen, da wir wegen des nicht mehr vorhandenen Luftdrucks verkochen würden.

Unter Vakuum kocht Wasser beispielsweise schon bei Zimmertemperatur.

Man benutzt Drücke für Maschinen. Benutzt man flüssige Medien (Öl), dann nennt man diese technische Umsetzung Hydraulik, benutzt man Luft, Pneumatik.

Da der Druck Kraft pro Fläche ist, kann man durch Verändern der Fläche auch die Kräfte proportional verändern:

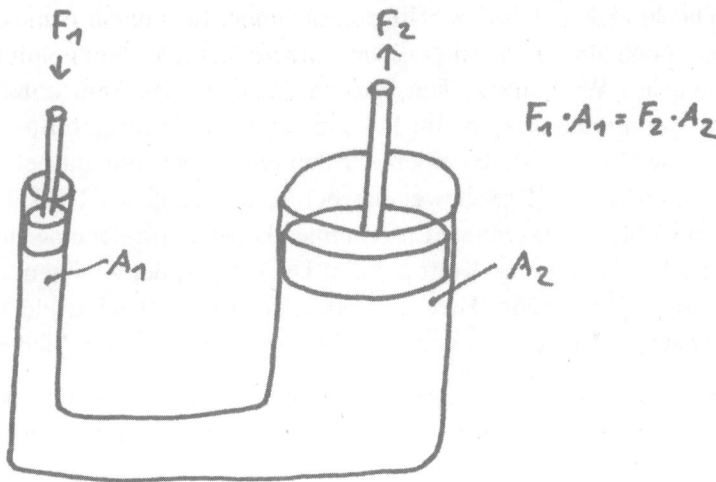

$$F_1 \cdot A_1 = F_2 \cdot A_2$$

Damit kann man sehr große Lasten bewegen, man denke nur an die Hydraulikzylinder von Kipp-Lastern und Autokränen. Wie Luft übt auch Wasser einen Schweredruck aus, der mit zunehmender Wassertiefe etwa mit 0.1 bar pro Meter zunimmt. In 10 Metern Tiefe wirkt schon der doppelte Atmosphärendruck auf Taucher oder U-Boote.

Der Auftrieb

Mit Wasser kann man z. B. die Dichte unbekannter Stoffe ermitteln. Das wusste schon Archimedes 220 Jahre vor Christus. Wenn man einen Körper in Wasser taucht, verdrängt es das gleiche Volumen an Wasser, das er selbst hat. Mit einem einfachen Messzylinder kann man die Wasserstandsdifferenz beim Eintauchen feststellen. Dies entspricht dem Volumen des eingetauchten Körpers. Durch Wiegen desselben bekommen wir seine Masse heraus.

Die Dichte ergibt sich durch Masse/Volumen. So konnte man schon damals Gold von anderen Metallen unterscheiden. Archimedes erkannte aber auch damals schon, dass Flüssigkeiten eine Auftriebskraft auf Körper ausüben.

Naja, vielleicht nicht ganz so wie gezeigt ☺.

Wir wissen alle, dass Steine unter Wasser deutlich leichter als über Wasser sind, obwohl sie die gleiche Masse haben. Dies rührt daher, dass der Stein Wasser verdrängt hat. Dieses Wasser hatte auch ein Gewicht. Diese verdrängte Gewichtskraft entspricht genau dem Auftrieb wenn ein 2 kg Betonklotz über Wasser F = 2 Kg • 9,81 m/s² = 19,62 N wiegt und ein Volumen von 1000 cm³ besitzt, dann verdrängt er in Wasser dieses Volumen und wiegt nur noch F = (2 kg - 1 kg) • 9,81 m/s² = 9,81 N, also genau die Hälfte in unserem Beispiel.

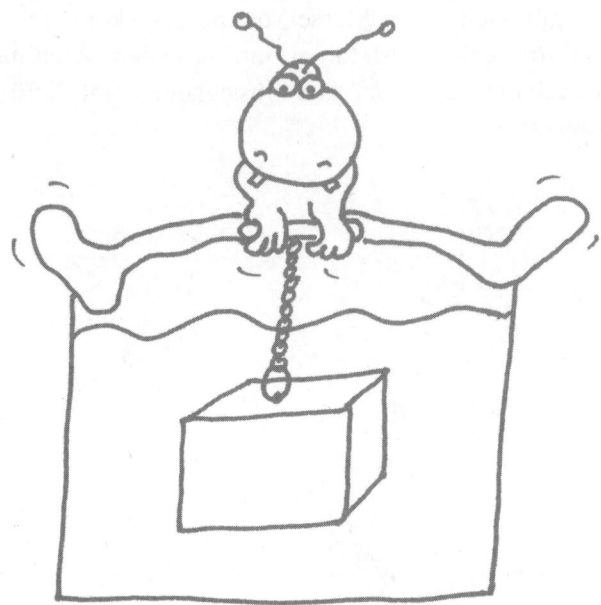

Diese Auftriebskraft ist für die Konstruktion von Schiffen enorm wichtig. Das verdrängte Wasservolumen entspricht mit seiner Gewichtskraft direkt der Auftriebskraft, die letztendlich das Schiff schwimmen
lassen, obwohl die Metallteile eines Schiffes ohne verdrängtes Volumen einfach untergehen würden, wie man bei Schiffsunglücken leider
auch sieht.

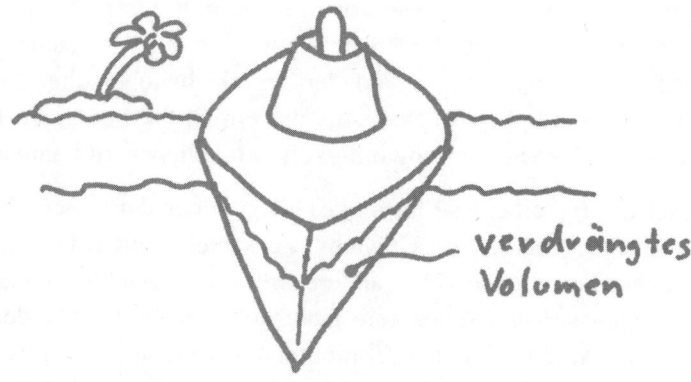

verdrängtes Volumen

Was unterscheidet, abgesehen von der Dichte, eigentlich Flüssigkeiten von Gasen?

Flüssigkeiten sind praktisch inkompressibel, also nicht zusammendrückbar.

Gase hingegen schon, weswegen Luft eine Reihe anderer interessanter Eigenschaften hat.

Warum fliegt ein Flugzeug? Weil es Flügel hat und sich vorwärts bewegt, aber wieso können diese Tragflächen Auftrieb erzeugen?

Unterdruck

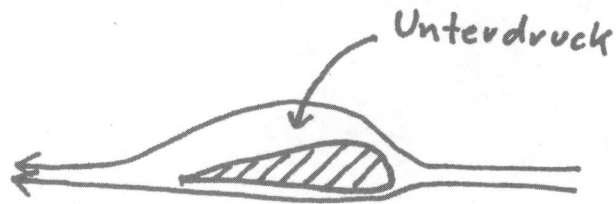

Der Auftrieb kommt interessanterweise dadurch zustande, dass der Weg oben über die Tragfläche länger ist als unter der Tragfläche. Hierdurch entsteht ein Unterdruck auf der Tragflächenoberseite, der mit der Fluggeschwindigkeit wächst. Aus diesem Grund benötigen Flugzeuge eine gewisse Startgeschwindigkeit, um abheben zu können.

Die Geschwindigkeit eines Flugzeuges hängt neben den Eigenschaften der Tragflächen von seinem Gewicht und seinem Luftwiderstand ab. Ein Verkehrsflugzeug hat völlig andere Anforderungen als ein Kampfjet, weswegen sie sich schon rein äußerlich stark unterscheiden. Es gibt sogar Kampfjets, die ohne Computersteuerung abstürzen würden, weil kein Mensch sie stabil halten könnte. Das ist richtig beruhigend, wenn man in der Nähe eines Militärflugplatzes wohnt.

Warum fliegt ein **Heißluftballon**? Erwärmte Luft dehnt sich, wie alle Gase, nach allen Richtungen aus. Dadurch wird sie aber, bezogen auf ein festes Volumen leichter, weil ihre Dichte abnimmt. Durch den Auftrieb in der umgebenden kälteren und damit dichteren Luft steigt schließlich der Heißluftballon nach oben, wenn dieser Auftrieb die zusätzliche Masse des Korbes, der Insassen und der Hülle tragen kann.

Manchmal gibt es große, schwarze zylinderförmige Luftballons, die im Sommer wie von Geisterhand nach einer Weile im Sonnenlicht anfangen abzuheben. Dies ist genau der gleiche Effekt wie beim Heißluftballon, nur dass die Wärmequelle die Sonne ist.

Echte Gasballons oder Zeppeline, die mit Helium gefüllt sind, kommen natürlich ohne Wärmequelle aus, da Helium leichter als Luft ist. Einen noch größeren Auftrieb würde der noch leichtere Wasserstoff bringen. Allerdings ist dieser sehr leicht brennbar, was spätestens seit der Hindenburg als echtes Problem erkannt wurde.

Wärme und Druck

Was passiert eigentlich, wenn man Luft komprimiert? Hat jemand einen Kompressor? Die Dinger werden richtig heiß, wenn sie eine Weile laufen. Dies passiert nicht, weil sie schlecht geölt wären, sondern weil komprimierte Luft sich erhitzt und diese Wärme an die

Umgebung abgibt. Wir kennen das von Handluftpumpen für das Fahrrad, die ebenfalls heiß werden, wenn wir kräftig eine Weile damit pum-
pen.

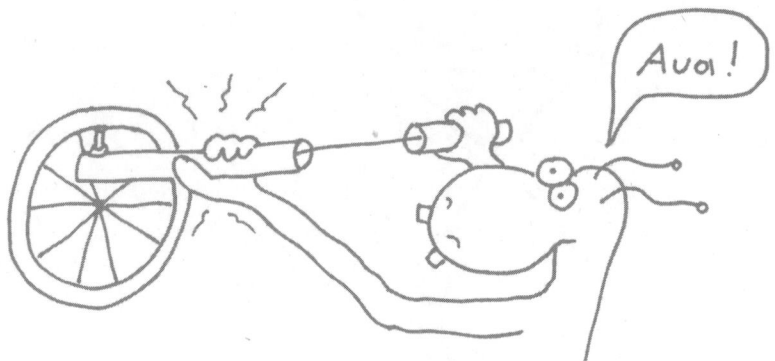

Wir merken uns mal, dass hier Energie eine Rolle spielen muss, denn
Wärme ist eine Energieform. Zum Komprimieren benötigt man Druck.
Dieser muss also auch etwas mit Energie zu tun haben. Wir kleben mal
einen aufgeblasenen Luftballon in Fahrtrichtung mit Klebeband auf
ein leicht rollendes Spielzeugauto. Wir halten ihn natürlich so lange
zu, bis er befestigt ist. Wenn wir loslassen, hören wir das typische
»brrppppp-Geräusch« und unser Spielzeugauto rollt los. Klar, die Luft
treibt das Auto an, aber dazu benötigt man ja Energie.

Schlaue Physiker haben herausgefunden, dass das Produkt aus Druck und Volumen gleich einer massenbezogenen Konstanten • der Temperatur ist:

$$p \bullet V = v \bullet R \bullet T$$

Wobei v die tatsächliche Stoffmenge des Gases ist (in kmol pro Kilogramm) und R die molare oder

allgemeine Gaskonstante (R = 8,314 • 10^3 Nm/kmol/K).

Was sagt uns das? Schauen wir uns mal das Produkt p • V an: N/m² • m³ = Nm. Wir haben es hier mit einer Energieform zu tun! Dies ist eigentlich einleuchtend für jeden, der schon einmal von Hand ein Fahrrad aufgepumpt hat. Hier erhöhen wir ständig den Innendruck des Reifens, der im Wesentlichen sein Volumen behält und das ist anstrengend, weil wir Arbeit verrichten.

Wir können also mit Druckluft Energie speichern. Genau das soll der zukünftige Antrieb für Stadtautos werden, wie ein französischer Motorenbauer erfolgreich demonstrierte. Die **Druckluft** könnte umweltfreundlich aus den größere Städte durchfließenden Flüssen gewonnen werden. Das finde ich eine richtig coole Idee!

Keinerlei Abgase, keinerlei Umweltverschmutzung und ein relativ ungefährlicher »Treibstoff« noch dazu!

Die obige Gasgleichung sagt auch aus, dass diese Energie von der Temperatur abhängig ist. Wir beachten bitte, dass sich alle Temperaturangaben auf Kelvin beziehen. Die Basis ist der absolute Nullpunkt (-273 Grad Celsius). Verdoppeln wir theoretisch die Temperatur von z. B. 273 K auf 546 K, haben wir die Energie unseres Produktes p • V verdoppelt. Bei konstantem Volumen bedeutet dies idealerweise eine Verdoppelung des Druckes!

Bei einem schwarzen Luftballon im Sonnenlicht kann man einen ähnlichen Effekt beobachten. Die Sonne erhöht die Temperatur des eingeschlossenen Volumens und als Folge steigt der Druck an, was, wegen der Nachgiebigkeit der Hülle, zu einer Ausdehnung führt. Das Produkt p • V wurde hier ebenfalls durch Temperaturerhöhung erhöht, also dadurch seine Energie.

Umgekehrt ist es so, wenn ich bei gleichem Volumen den Druck reduziere, dass die Temperatur sinkt. **Expansion** ist also mit Abkühlung verbunden. Das Volumen verliert durch den Druckverlust Energie, was sich in einer Abkühlung äußert.

In der Natur haben wir auch Gase, die Energie enthalten. So enthält bewegte Luft z. B. Energie, die sogenannte und sehr umweltfreundliche **Windenergie**. Hier benutzt man letztendlich auch Volumen und Druckunterschiede mittels Flügeln, um mechanische Energie in elektrische zu wandeln.

Wind kann soviel Energie enthalten, dass ganze Landstriche verwüstet werden, wie man z. B. an Tornados (Wirbelstürmen) sehen kann. Auch hier spielen Druckunterschiede zwischen Boden und Wolkendecke eine entscheidende Rolle.

Er wirkt wie ein gigantischer Staubsauger. Ähnliche Phänomene kann man bei Wasserwirbeln in der Badewanne beim Ablassen beobachten, jedoch ist die Sogrichtung hier umgekehrt.

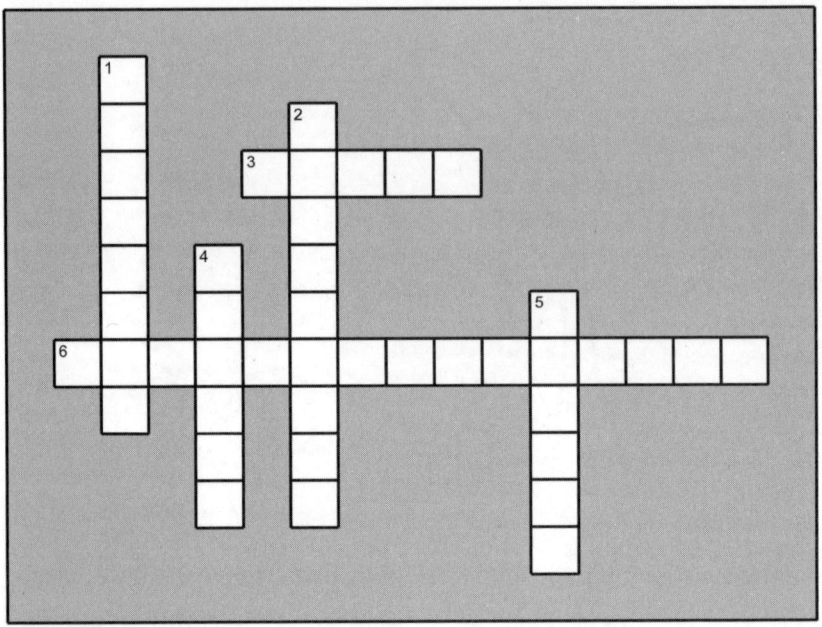

waagerecht

3. Kraft pro Fläche
6. Fluggerät

senkrecht

1. Verdrängungskraft
2. Energiespeicher
4. Druckeinheit
5. Energieform

Elektrizitätslehre

Energiewandler

Was sind elektrische Geräte? Dies sind z. B: Geräte, die elektrische Energie in Bewegung, Wärme, Schall und elektromagnetische Wellen wie Licht oder Radiosignale umwandeln. Eine Bohrmaschine ist ein typisches Beispiel für einen solchen Energiewandler. Hier wird elektrische Energie in mechanische umgewandelt, damit wir Löcher bohren können.

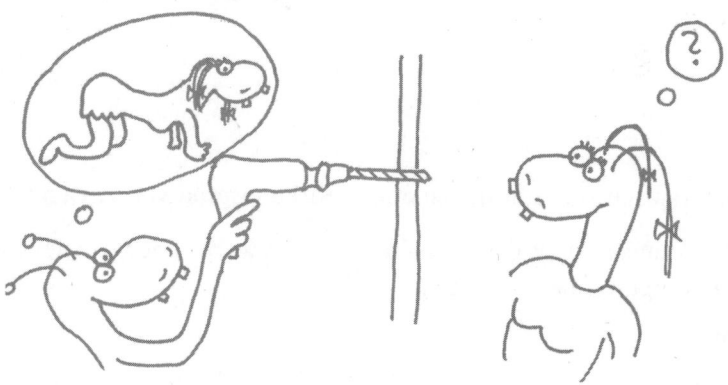

Ein Fön wandelt **elektrische Energie** in **Wärme** um. Sein Motor besitzt ein Lüfterrad, das die heiße Luft, die ein Glühwendel erzeugt, nach vorne bläst, damit wir uns nasse Haare trocken föhnen können. Eine Glühlampe wandelt elektrische Energie in **elektromagnetische Strahlung**. Diese besteht zum größten Teil aus unsichtbarer **Infrarotstrahlung**, die zwar wärmt, aber nicht erleuchtet. Der geringere Teil ist sichtbares Licht. Wenngleich die Freude groß ist, dass uns damit ein Licht aufgeht, belasten sie die Stromrechnung jedoch ordentlich.

Licht

Wärme

So eine typische Glühbirne hat einen Wirkungsgrad von etwa 5%.

Der Wirkungsgrad ist das Verhältnis von (gewollt) abgegebener Leistung zu aufgewendeter Leistung:

$N = P_2/P_1$

Neonröhren und Energiesparlampen dagegen haben einen etwas besseren Wirkungsgrad, auch wenn das Licht nicht jedermann's Sache ist. Es wird oft als kalt und unangenehm empfunden.

Kratz, kratz...

Ehe wir jetzt jedes mögliche elektrische Gerät ansprechen, um dann irgendwann den Faden zu verlieren, erforschen wir mal die Grundlagen der Elektrizität.

Ihr habt sicherlich schon die Begriffe **Strom**, **Span-nung**, **Widerstand**, **Energie** und **Leistung** gehört sowie die dazugehörigen Einheiten **Ampere**, **Volt**, **Ohm**, Kilowattstunden und **Watt**. Hier wurden gleich eine ganze Reihe verstorbener Physiker ge-ehrt.

An einer typischen Steckdose liegen 230 V an und sie lie-fert uns Strom, wenn wir einen Verbraucher anschließen. Was ist Strom? Was bedeutet 230 V **Wechselspannung** (AC) eigentlich? Im Gegensatz zu einer **Gleichspannung** pul-siert diese Wechselspannung sinusförmig 50 mal in der Sekunde. Man sagt auch 230V, 50 Hz dazu:

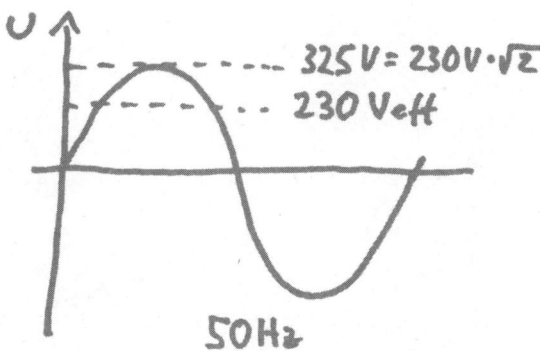

Man könnte auch das Versorgungsnetz mit Gleichspannung betreiben, dann könnte man aber keine **Transformatoren** und viele Motoren nicht direkt benutzen, sondern müsste zusätzliche Elektronik verwen-den.

Was sind Strom, Spannung und Widerstand?

Strom sind **fließende Elektronen** und zwar jede Menge davon. Fließt ein Strom von 1 Ampere, dann fließen **6,241 • 10^{18} Elektronen pro Sekunde**. Da dies etwas umständlich in Berechnungen ist, nennt man diese Menge 1 C (Coulomb).

1 A ist also ein C/s (Coulomb pro Sekunde)

Warum fließen Elektronen überhaupt? Weil eine **Spannung** sie antreibt. Die Spannung, gemessen in **Volt**, ist vergleichbar einem **Druck** und der Strom vergleichbar einer **Wassermenge**, die durch eine Leitung fließt.

Was fehlt uns noch? Genau, eine Leitung kann dick, dünn, kurz oder lang sein und setzt dem Wasser einen **Widerstand** entgegen. So verhält es sich auch beim elektrischen Strom.

Jedes Gerät hat einen bestimmten Widerstand, gemessen in Ohm. Wäre dieser 0, dann würde ein unendlicher Strom fließen, was zum Glück **Sicherungen** im Haushalt verhindern. So was nennt man einen **Kurzschluss**.

Energie und Leistung

Wir spielen wieder mal ein bisschen. Physiker sind immer am Spielen, um die Welt zu verstehen. Wir nehmen eine 9 V Batterie und ein 9 V-Glühbirnchen. Das drücken wir sachte mit den beiden Kontakten gegen die Batterieanschlüsse. Wenn die Batterie und das Lämpchen noch intakt sind, sollte uns jetzt ein Licht aufgehen.

Toll, das war von den meisten wohl auch so erwartet worden. Allerdings: Wie ist so ein Glühbirnchen aufgebaut und warum?

Im Innern befindet sich ein Wendel aus Wolframdraht in einem evakuierten Glaskolben. Wolfram hat einen sehr hohen Schmelzpunkt und würde bei diesen Temperaturen sofort mit Sauerstoff verbrennen, weswegen die Luft aus dem Glaskolben herausgepumpt wurde.

Wieso wird dieses Wolframfädchen dermaßen heiß, wenn Strom durch ihn fließt?

Er hat einen relativ hohen Widerstand und behindert somit die Elektronen am Durchfluss. Diese knallen quasi gegen Atome und regen diese so zu Schwingungen und Schalensprüngen an. Beim Rückfallen dieser so angeregten jeweiligen Schalenelektronen senden diese elektromagnetische Wellen in Form von sichtbarem Licht aus. Deswegen leuchtet so ein Ding, wenn Strom durchfließt.

Was ist das einfachste elektrische Bauteil? Das ist wahrscheinlich ein Schalter, der den Stromfluss entweder ermöglicht oder unterbindet, je nach Benutzerwillen.

Verbinden wir unseren Mini-Stromkreis zu einer etwas erweiterten Schaltung, dann können wir unser Lämpchen auch ein- und ausschalten. Wir haben im Prinzip eine Taschenlampe nachgebaut:

Da unser Glühbirnchen Energie in Form von Wärme und Licht aussendet, wandelt es auch unsere elektrische Energie in Strahlungsenergie um, bis die Batterie leer ist.

Energie kann übrigens nicht verbraucht werden, sie kann nur in andere Formen umgewandelt werden. Das Wort Energieverbrauch ist also nicht korrekt!

Welche elektrischen Eigenschaften besitzt denn eigentlich unser Glühbirnchen?

Dazu können wir z. B. den Widerstand des Lämpchens bestimmen. Wir könnten ein schickes Digitalmultimeter nehmen und einfach den Widerstand direkt messen. Doch Vorsicht, Denkfehler! Der Widerstand eines heißen Wendels ist deutlich größer als der eines kalten! Wir machen das anders. Auf dem Lämpchen steht sicherlich die elektrische Leistung auf dem Blechrand. Nehmen wir mal an, dass wären genau 1 Watt, dann haben wir leichter zu rechnen.

Was ist 1 Watt? Ein Watt schreibt man auch 1 VA, also Volt • Ampere. Das ist doch nett. Bei 1 VA und 9 V fließen offenbar:

1 VA / 9 V = 0.11.. Ampere bzw. 111,11.. mA

Wir lernen Watt = Volt • Ampere oder in allgemeiner Schreibweise

$$P = U • I$$

Jetzt können wir auch ausrechnen, welchen Betriebswiderstand unser Lämpchen hat:

$$R = U / I$$

das nennt sich Ohm'sches Gesetz ($U = I • R$ im Original). Bei uns also 9 V/0.1111 A = 81 Ohm

Wir fassen mal zusammen:

Strom sind fließende Elektronen, Einheit A, Formelzeichen I

Spannung ist quasi der Druck, Einheit V, Formelzeichen U

Widerstand entspricht Hindernissen, Einheit Ohm, Formelzeichen Omega

Leistung ist elektrische Energie pro Zeit, Einheit W bzw. VA, Formelzeichen P

Bezahlen müssen wir unsere Energiekosten im Haushalt für geleistete **kWh**. Das bedeutet Kilowattstunden. Wenn wir 1 h lang 1000 W elektrische Energie beziehen (nicht verbrauchen, hehe), kostet uns das soundsoviel Cents.

grr...

Was bedeutet das genau? Eine 100 W Glühbirne können wir also 10 Stunden betreiben, bis wir 1 kWh erreichen. Eine elektrische Herdplatte mit 2000 W lediglich eine halbe Stunde lang.

Waschmaschinen, elektrische Wäschetrockner und elektrische Nachtspeicherheizungen sind gewaltige Energiekostenverursacher.

Nachtspeicherheizungen sind zudem durch den miserablen Wirkungs-grad unserer Stromversorgung (typ. 30%) und den hohen Energiekos-ten sehr uneffektiv, teuer und umweltbelastend. Solche Geräte als um-weltfreundliche Alternative anzupreisen, könnte man als unseriös be-zeichnen. Der benötigte Strom wird hauptsächlich von konventionel-len Kraftwerken und Atomkraftwerken erzeugt, die jede Menge Schadstoffe erzeugen, aber eben dort, wo sie stehen...

Ähnliches gilt übrigens auch für »umweltfreundliche« Elektroautos. Das Auto selbst ist umweltfreundlich. Die verwendete Energie nicht, solange sie konventionell gewonnen wird und das noch mit schlechtem Wirkungsgrad.

Unser Stromnetz im Haus

Betrachtet man sich mal so ein Installationskabel im Baumarkt, so stellt man fest, dass metallische Leiter verwendet werden, speziell **Kupfer**. Warum?

Metalle sind bekanntlich gute Leiter, weil ihre Außenelektronen locker als gemeinsames »Elektronengas« gebunden sind und somit eine opti-male Beweglichkeit aufweisen. Man nennt solche Stoffe sinnigerweise Leiter.

In der Installationstechnik kommt die Stromversorgung meist mit einem Erdkabel ins Haus. Dies hat 5 Leiter (Adern). 3 davon sind die verschiedenen Phasen und führen 230 V gegen Erde, welche an dem blauen Kabel angeschlossen ist. Er-de ist hier wörtlich zu nehmen, weil eine Erdung in jedem Haus vorhanden sein muss. Normalerweise ist das ein verzinktes Eisenband, das tief in der Erde (Fundament) steckt. Der gelbgrüne Schutzlei-ter ist eine separate Erdung, die normalerweise keinen Rückstrom führt und an allen Verbrauchern mit Metallge-häuse angeschlossen sein muss. Dieser Leiter ist ebenfalls an der Erdung angeschlossen, die sich meist im Keller befindet. Er wird Schutzleiter genannt.

Die 3 Phasen gehen über 3 sogenannte Panzersicherungen (i.d.R.
35 A) auf einen Drehstromzäh-
ler, der den Energiefluss misst
und zur Abrechnung dient.

Von da ab geht's ins Haus, genauer gesagt in den Sicherungs-
kasten. Von hier ab verzweigt die
Installation über separate Sicherungen ins ganze Haus zu den Steckdosen
und Lichtschaltern.

Wir haben ein **Wechselstromnetz mit 3 Phasen.** Der
zeitliche Verlauf dieser Spannungen ist in folgendem Diagramm
wiedergegeben:

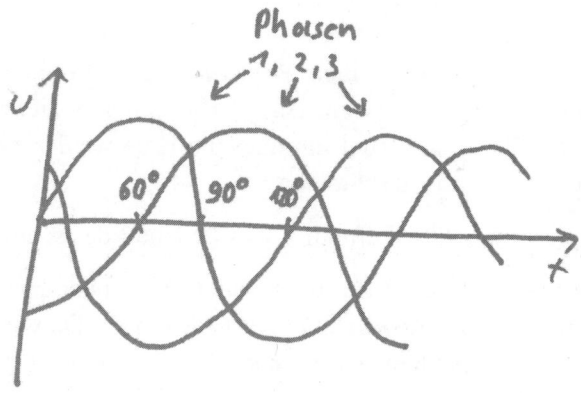

Der Ausdruck Drehstrom kommt von der Motortechnik, bei der die 3
Phasen Drehstrommotoren direkt antreiben. Je nach Reihenfolge der
angeklemmten Phasen läuft ein Drehstrommotor vorwärts oder rückwärts (so am Rande gesagt).

Im Haushalt hat man im Normalfall keine Drehstromgeräte, außer eventuell einen Elektroherd, der gerne 3 Phasen verwendet, aber nur um die Strombelastung der Leiter geringer zu halten, indem der Betriebsstrom über 3 statt einen Leiter bezogen wird.

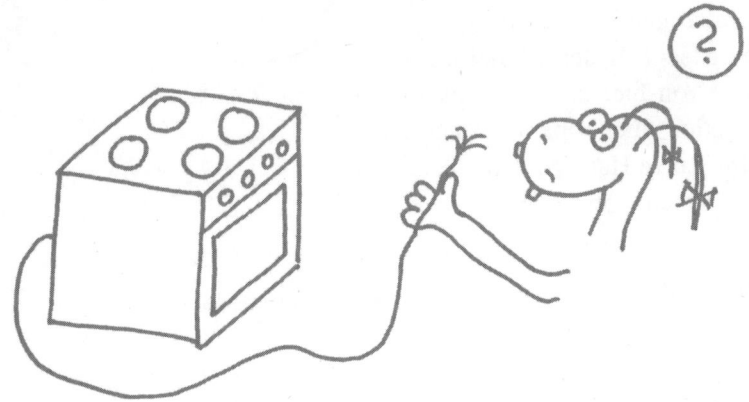

Eine Steckdose führt also an einem Pol 230 V gegen Erde. Die Erde ist am anderen Pol angeschlossen. Ein Verbraucher bezieht also den Strom von der Phase und leitet ihn über die Erde wieder zurück. Dadurch ist der Stromkreis geschlossen.

Manchmal liest man 230 V effektiv. Was bedeutet das schon wieder?

Der **Effektivwert** gibt an einem (ohm'schen) Widerstand genauso viel Leistung wie eine **gleichgroße Gleichspannung** ab. Da wir es mit einer sinusförmigen Spannung zu tun haben, gilt, dass der **Scheitelwert** Wurzel aus 2 • U_{eff} ist.

Bei 230 V Wechselspannung sind das dann über 335 V Scheitelspannung!

Da der menschliche Körper einen nicht allzu hohen Widerstand besitzt, können solche Spannungen bereits tödlich wirken!

Die Schutzerde dient bei metallischen Gehäusen zur Schutzerdung. Wenn ein Fehler auftritt und die Phase aus irgendwelchen Gründen das Gehäuse berührt, wäre dies lebensgefährlich, wenn man es anfassen würde. Ist das Gehäuse hingegen geerdet, passiert nichts, bzw. die Sicherung sollte auslösen und den Stromkreis unterbrechen.

Als weiterer Schutz ist ein FI-Schalter (Fehlerstrom-Schutzschalter) vorgesehen. Dieser führt durch einen kleinen Ringkern die 3 Phasen und die Erdung. Da die hineinfließenden Ströme gleich den herausfließenden sein müssen, entsteht kein Magnetfeld. Fließt jedoch durch einen Fehler ein Strom irgendwo anders gegen Masse ab, tritt eine **Stromdifferenz** im Ringkern auf und das erzeugte Magnetfeld löst den Schalter automatisch sehr schnell (ca.15 ms) aus. Der Stromkreis wird dadurch komplett unterbrochen, die Gefahr ist vorerst gebannt. Danach muss man natürlich versuchen, die Ursache für den Fehlerstrom zu finden, sonst geht das Spiel von vorne los.

Man kann also sagen, dass die **Summe aller Ströme in einem Strom-kreis = 0** sein muss. Das merken wir uns. **Sicherungen** sind dazu da, die Leitungen vor zu hohen Strömen zu schützen. Jede Leitung ist auch ein Widerstand und erzeugt somit bei Stromfluss Wärme. Dies hat natürlich spätestens beim Schmelzpunkt der Isolation eine natürliche Grenze. Deswegen begrenzen Sicherungen schon weit vorher den maximalen Strom automatisch. Deswegen heißen sie auch Sicherungsautomaten und können mit einem kleinen Hebel einfach wieder aktiviert werden, wenn die Überlast beseitigt wurde. Früher gab es Schraubsicherungen mit einem Metallfaden. Wenn der durchgebrannt war, brauchte man eine neue Sicherung. Das konnte sehr unpraktisch am Wochenende oder um Mitternacht sein.

Logischerweise muss es, wenn es Leiter gibt, auch Nichtleiter oder Isolatoren geben, bei denen die Elektronen sehr fest gebunden sind. Hierzu gehören z. B. Kunststoffe, weshalb unsere Kabel auch mit Kunststoff umhüllt sind.

Damit das Kabel bei Erhitzen nicht brennt, wird das giftige PVC zur Isolation verwendet. Die giftigen Gase, die bei der Verbrennung entstehen, sind selbstverlöschend. Kabelreste sind deshalb Sondermüll bzw. müssen ordnungsgemäß recyled werden. PVC = Polyvinylchlorid kann bei der Verbrennung hochgiftige Dioxine erzeugen.

Neben Leitern und Nichtleitern gibt es auch noch **Halbleiter**. Dies sind meist speziell mit **Fremdatomen** dotierte (bestückte) Halbmetalle wie Silizium und Germanium, wodurch sich deren Leitfähigkeit und deren weiteren elektrischen Eigenschaften exakt vorgeben lassen.

Aus Halbleitern werden integrierte Schaltkreise hergestellt, wie Transistoren, Mikroprozessoren, Speicher, Dioden u.v.m., die erst elektronische Schaltungen ermöglichen. Das führt in diesem Buch aber leider etwas zu weit. Wen das interessiert, dem sei mein Buch »Elektro-Espresso« von Franzis empfohlen, das ebenfalls lustige Cartoons enthält.

Reihen- und Parallelschaltung von Widerständen

Wir gehen hier weiter den elektrischen Grundlagen auf den Grund.

Widerstände gibt es auch als reale Bauteile, um Schaltungseigenschaften zu beeinflussen. Sie unterliegen gewissen Gesetzmäßigkeiten, die wir nachfolgend untersuchen wollen.

Um es etwas anschaulicher zu gestalten, benutzen wir wieder Glühlämpchen als Widerstände und unsere 9 V-Batterie sowie ein paar Verbindungsklemmen.

Wir schließen 2 Glühlämpchen parallel an die Batterie an:

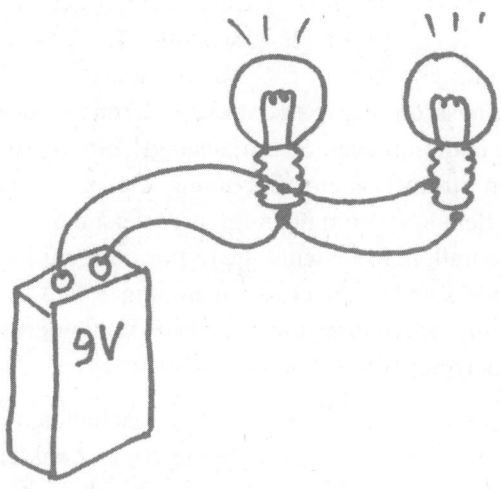

Wie wir sehen, leuchten sie gleichhell, aber einen Tick dunkler, als wenn es nur eine wäre. Warum? Der Grund liegt im Innenwiderstand der Batterie, die nicht unendlich viel Strom liefern kann, sondern diesen durch ihren eigenen Innenwiderstand begrenzt.

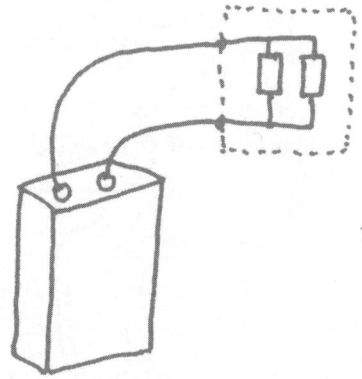

Die Batterie selbst wandelt ihre elektrische Energie teilweise in Wärme um!

$$P = U \cdot I \; ; \; U = I \cdot R \; \rightarrow \; P = I^2 \cdot R_i$$

Das bedeutet, dass die **Verlustleistung** am Innenwiderstand quadratisch mit dem entnommenen Strom ansteigt! Ein Widerstand benötigt aber für seinen Stromfluss eine Spannung. Das kann man auch umgekehrt sehen: Fließt ein Strom über einen Widerstand, muss über ihn eine Spannung abfallen. Man nennt dies **Spannungsabfall**. Da über den Innenwiderstand schon etwas Spannung abfällt, ist unsere Batterieklemmenspannung nicht mehr 9 V, sondern vielleicht nur noch beispielsweise 7 V.

Somit steht an unseren parallel geschalteten Lämpchen nur noch 7 Volt, weswegen beide etwas dunkler leuchten, als nur eine. Unsere beiden Lämpchen haben ab Werk den gleichen Widerstand, weswegen bei gleicher Spannung auch der gleiche Strom hindurchfließt und sie dadurch gleichhell leuchten. Die Batterie »sieht« aber 2 parallele Widerstände, weswegen sie den doppelten Strom liefern muss. Fasst man beide Lämpchen als Blackbox zusammen, stellt man fest, dass diese den halben Widerstand eines Lämpchens hat:

Wir merken uns: Durch das Parallelschalten zweier gleicher Widerstände ist der Gesamtwiderstand nur noch halb so groß.

Hier muss der Strom durch den Innenwiderstand der Batterie und nacheinander durch unsere beiden Lämpchen fließen. Es ist einleuchtend, dass hier der Gesamtwiderstand doppelt so groß ist, wie bei einem Lämpchen. Das bedeutet aber auch, dass nur noch der halbe Strom fließen kann und die Lämpchen deshalb bestenfalls nur noch glimmen.

Wir merken uns: Bei Reihenschaltung gleicher Widerstände verdoppelt sich der Gesamtwiderstand.

Kommen mehrere und verschiedene Widerstände zur Anwendung löst man dies mathematisch folgendermaßen:

Reihenschaltung $R_{ges} = R_1 + R_2 + R_3 + ...$

Bei der Parallelschaltung addiert man zunächst die einzelnen Leitwerte 1/R und berechnet dann den Kehrwert:

$1/R_{ges} = 1/R_1 + 1/R_2 + 1/R_3 + ...$

Der spezifische Widerstand

Ein Leiter hat, wie bereits erwähnt, ebenfalls einen eigenen Widerstand, der von dessen **Länge** und **Querschnitt** sowie dem **Material** abhängt. Je länger ein Leiter ist, desto größer wird sein Widerstand, je dicker er ist, desto kleiner wird er. Das ist ähnlich einer Rohrleitung, bei der die Länge und die Dicke ebenfalls Einfluss auf den Strömungswiderstand haben.

Um Materialeigenschaften vergleichen zu können, hat man den **spezifischen Widerstand** eingeführt. In der folgenden Tabelle sind einige Werte verbreiteter Werkstoffe zu finden:

Material	Spezifischer Widerstand [Ohm • mm²/m]
Aluminium	0,0264
Kupfer	0,0178
Eisen	0,1
Konstantan	0,5
Reines Silizium	$6,4 \cdot 10^8$
Wolfram	0,056
Glas	$> 10^{16}$
Silber	0,016
Platin	0,11
Gold	0,024

Der Widerstand eines Leiters berechnet sich damit folgendermaßen:

Gegeben: Kupferdraht, Länge 10 m, Durchmesser 0,5 mm. Gesucht ist der Gesamtwiderstand.

R = 0,0178 Ohm • mm² / m • 10 m • (0,5 mm)² • Pi/4 = 34,9 mOhm

Bis jetzt sind wir stillschweigend davon ausgegangen, dass Widerstände unabhängig von der Temperatur konstant sind. Es gibt jedoch spezielle Bauelemente, bei denen das nicht der Fall ist. Man nennt sie PTC und NTC. PTCs haben einen positiven Temperaturkoeffizienten, NTCs einen negativen. PTCs haben also bei höheren Temperaturen einen größeren Widerstand, NTCs einen kleineren. Man benutzt solche Bauelemente zur Temperaturkontrolle und Regelung.

Praktisch jeder Widerstand hat einen mehr oder weniger ausgeprägten Temperaturkoeffizienten, so dass man beim Schaltplandesign die Temperaturbereiche im Einsatz beachten muss. Schließlich gibt es noch

spannungsabhängige Widerstände, die sogenannten VDRs, die ihre Leitfähigkeit in Abhängigkeit von der Spannung ändern.

Elektrostatik

Aber auch **Isolatoren** haben durchaus ihre elektrischen Eigenschaften. Nehmen wir einmal einen aufgeblasenen Luftballon und reiben ihn kräftig an einem Wollpullover. Danach halten wir ihn an die Decke. Wenn es klappt, dann bleibt er dort hängen. Hält man ihn an die Haare, so scheinen diese daran kleben zu bleiben und sich nach ihm zu recken.

Jeder hat sicherlich schon einmal erlebt, dass er einen elektrischen Schlag bekommt, wenn er über Teppichböden schlurft und dann einen großen, leitenden Gegenstand anfasst. Wenn man im Dunkeln seinen Wollpullover auszieht, sieht man auch manchmal Hunderte von kleinen blauen Blitzchen und hört ein Knistern.

Was ist die Ursache für diese Effekte? Man kann Kunststoffen durch Reibung Elektronen entziehen. Man trennt praktisch auf mechanischem Weg Elektronen von ihren Atomen. Dadurch erreicht man eine **Ladungstrennung** und es bildet sich ein elektrisches Feld zwischen den getrennten Ladungen aus. Elektronen sind negativ geladen, die zurückgebliebenen Ionen positiv. Zwischen diesen **Potentialen** besteht ein **elektrisches Feld**:

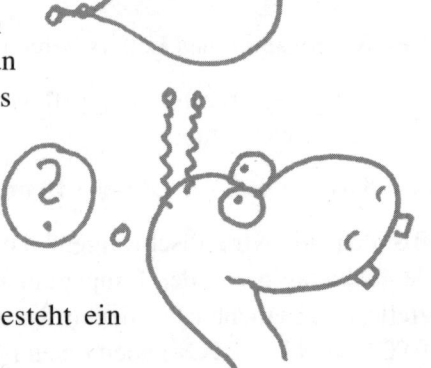

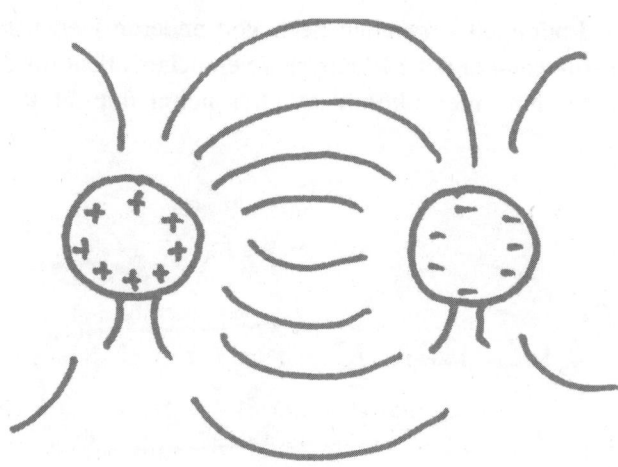

Man kann das auch so interpretieren, dass die Elektronen zurück zu ihren Ionen wollen, um wieder ein neutrales Atom zu bilden. Ein Atom ist neutral, da es im Atomkern genauso viele positiv geladene Protonen enthält wie negativ geladene Elektronen in seiner Hülle:

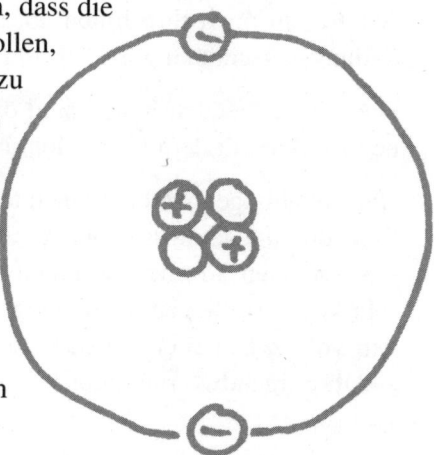

Den so getrennten Ladungen ist es aber egal, mit welchen Partnern sie versuchen, einen Ladungsausgleich herbeizuführen.

Die positiven Ladungen versuchen auch von anderen Gegenständen Elektronen anzuziehen und die Elektronen versuchen ebenfalls bei anderen Gegenständen unterzukommen. Dies nennt man **elektrische Polarisation**:

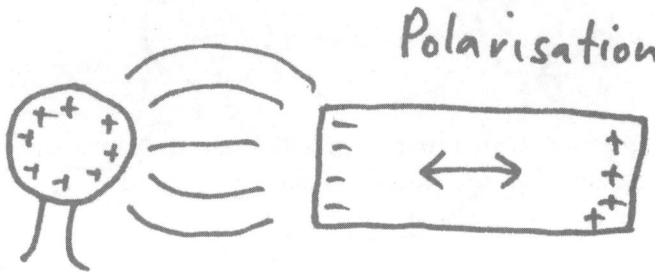

Die anderen Gegenstände geben aber normalerweise weder ihre Elektronen noch ihre Ionen ab, sondern es bleibt bei einer inneren Ladungsverschiebung.

Die hier wirkenden Kräfte sind die Ursache für die oben beschriebenen Effekte mit dem Luftballon und dem Wollpulli.

Die Entladungen sind auf einen tatsächlich stattfindenden Elektronenfluss durch Ladungsausgleich zurückzuführen. Im Allgemeinen sind die erzeugten Ströme sehr klein, die auftretenden Spannungen jedoch sehr hoch. Sie liegen im Bereich von 1000 V bis zu mehreren Millionen Volt, z. B. bei einem Bandgenerator, der sicherlich in eurem Physiklabor irgendwo rumdümpelt.

Spulen

Ein weiterer wichtiger Effekt von fließenden Elektronen ist, dass sie ein **Magnetfeld** bilden. Die magnetischen Effekte werden im entsprechenden Kapitel beschrieben. Wir betrachten hier nur eine Spule als elektrisches Bauelement.

Eine Spule besitzt einen induktiven Widerstand:

$X_L = \omega \cdot L$ mit $\omega = 2 \cdot Pi \cdot f$

In einer Spule hinkt der Strom bei Wechselspannung der Spannung um 90 Grad hinterher. Anders ausgedrückt beträgt die **Phasenverschiebung** zwischen Strom und Spannung 90 Grad:

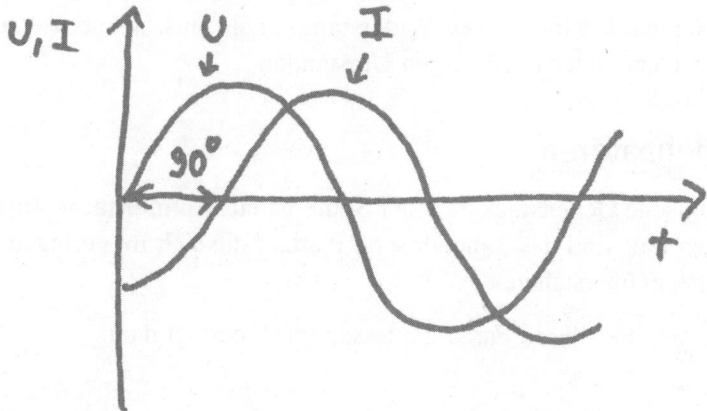

Da das Leben immer komplizierter als eine Theorie ist, sind Spulen keine idealen Bauelemente, sondern besitzen zu ihrem induktiven Widerstand noch einen ohmschen sowie Wicklungskapazitäten.

Man kann also eine reale Spule z. B. mit folgendem Ersatzschaltbild beschreiben:

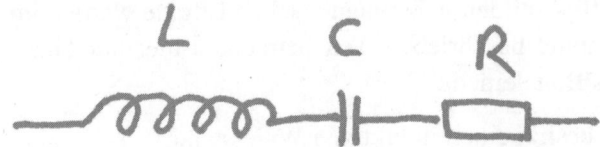

Bei niedrigen Frequenzen spielen diese **Störkapazitäten** normalerweise keine große Rolle, aber bei höheren Frequenzen können **Resonanzstellen** auftreten, die sogar zu einem regelrechten **Oszillieren** führen können. Dann filtert die Spule keine hohen Frequenzen wegen ihres steigenden induktiven Widerstands mehr aus, sondern erzeugt selbst welche unter ungünstigen Umständen.

Kondensatoren

Das logische Gegenstück zu einer Spule ist ein **Kondensator**. Im einfachsten Fall sind das 2 metallische Platten, die sich im geringen Abstand gegenüberstehen.

Die **Kapazität,** die in Farad gemessen wird, beträgt dann:

$C = \varepsilon_0 \cdot A/d$

Die Kapazität kann erheblich durch Einfügen eines **Dielektrikums** vergrößert werden, das durch seine **Dielektrizitätszahl** gekennzeichnet ist.

$C = \varepsilon_0 \cdot \varepsilon_r \cdot A/d$

Das Dielektrikum ermöglicht durch seine **Polarisierbarkeit** erhebliche größere Kapazitätswerte. Diese Polarisierbarkeit, also das Ausrichten von Elektronen im Isolator, wird durch einen Faktor, der **Dielektrizitäts- konstanten** Epsilon ausgedrückt.

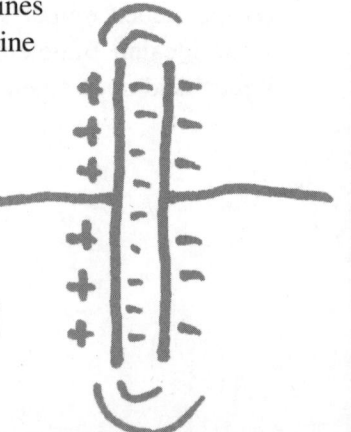

Einen Kondensator kann man sich z. B. folgendermaßen vorstellen:

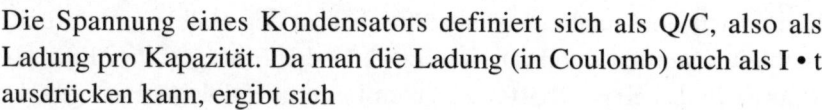

In der Praxis verwendet man natürlich keine Platten, sondern wickelt z. B. metallisch beschichtete Folien zu Rollen, um Platz zu sparen. Das Prinzip ist aber dasselbe.

In elektrischen Schaltungen ist weniger der Aufbau von Interesse, sondern die elektrischen Eigenschaften der konkreten Bauteile.

Die Spannung eines Kondensators definiert sich als Q/C, also als Ladung pro Kapazität. Da man die Ladung (in Coulomb) auch als I • t ausdrücken kann, ergibt sich

$$U = I \bullet t \, / \, C$$

Beim einem Kondensator eilt der Strom der Spannung um 90 Grad voraus, im Gegensatz zu einer Spule, bei der er 90 Grad hinterherhinkt.

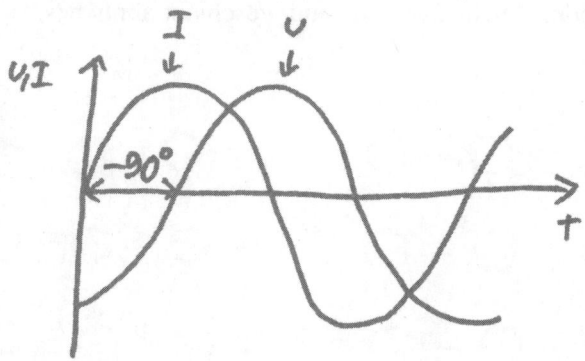

Auch ein Kondensator hat in der Praxis bei höheren Frequenzen nicht zu vermeidende Induktivitäten und grundsätzlich einen Verlustwiderstand. Das Ersatzschaltbild sieht entsprechend so aus:

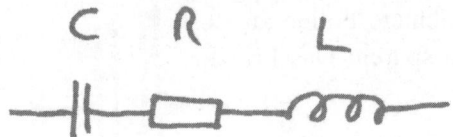

Halbleiter

Kehren wir noch mal etwas ausführlicher zu den Halbleitern zurück. Halbleiter werden durch Dotierung, d. h. das Einfügen von **Fremdatomen** in das **Kristallgitter** zu guten Leitern. Halbleitermaterial wie Silizium oder Germanium, das in reinster Form vorliegen muss, zeichnet sich in diesem Fall durch Vierfachbindungen der Atome zu einem Kristallgitter aus. Durch Dotieren mit Bor, Aluminium, Gallium oder Indium, welche 3-wertig sind, werden künstliche Störstellen in das Kristallgitter eingebaut. Bei der Verwendung von Arsen, Phosphor oder Antimon, welche 5-wertig sind, geschieht ähnliches:

Durch diese Störstellen, ist die Tendenz groß bei N-dotierten Halbleitern, das jeweils ungebundene 5. Elektron abzugeben, wohingegen bei P-dotiertem Material die Tendenz groß ist, fremde Elektronen an den 3-wertigen Störstellen aufzunehmen. Hieraus resultiert die große Leitfähigkeit dotierter Halbleiter. Die Elektronen fließen praktisch von Störstelle zu Störstelle. Ein »Wegfließendes« macht Platz für den Nachfolger, usw.

Dioden

Durch Kombination von PN-Schichten (oder NP-je nachdem von welcher Seite man dies betrachtet) entsteht an der Grenzschicht ein Ladungsaustausch, wodurch eine sehr schmale, stabile Zone entsteht, die nur mittels einer äußeren Spannung wieder überwunden werden kann.

Ab einer bestimmten Spannung, bei Silizium etwa 0,65 V bei Raumtemperatur, wird diese neutrale Zone überwunden und es fließt dauerhaft Strom. Polt man die Spannung um, wird diese Sperrschicht breiter und es bedarf einer sehr viel höheren Spannung von außen, diese künstlich zu durchbrechen. Solch ein Bauteil nennt man Diode. Eine Diode ist praktisch ein Ventil für Strom. In der einen Richtung durchlassend, in der anderen sperrend.

Die Kennlinie einer Diode sieht etwa so aus:

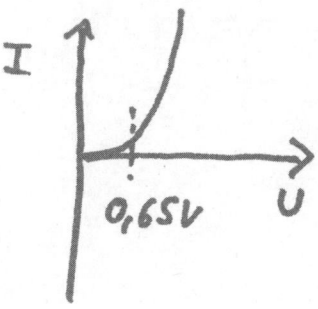

Man benutzt sie beispielsweise, um Wechselspannungen gleichzurichten:

Durch einen **Siebelko** (Elektrolytkondensator zum Glätten pulsierender Gleichspannungen) wird die pulsierende Gleichspannung geglättet:

Solarzelle und LED

Die PN-Übergänge sind **lichtempfindlich**. Wenn Photonen die Grenz-schicht treffen, erzeugen sie neue Elektronen-Lochpaare und es fließt ein Strom. Speziell hierfür konstruierte großflächige Schichten nennt man **Solarzellen**. Diese wandeln das Licht mit etwas über 10 % Wir-kungsgrad in elektrischen Strom um.

Auch der umgekehrte Weg ist möglich, durch Stromfluss Licht zu emittieren.

Diese Bauelemente nennt man LEDs (lichtemittierende Dioden). In unzähligen Konsumgeräten sind diese als Lämpchenersatz eingebaut. Sie sind erheblich stromsparender, unempfindlicher und langlebiger als Glühbirnchen. Mittlerweile gibt es sie in fast allen Farben.

Transistor

Kombiniert man Sperrschichten in der Form **NPN** oder **PNP** erhält man neue Bauelemente, **Transistoren** genannt. Diese haben die Ei-genschaft Strom zu verstärken. Diese Bauteile haben 3 Anschlüsse, **Kollektor**, **Basis**, **Emitter** genannt.

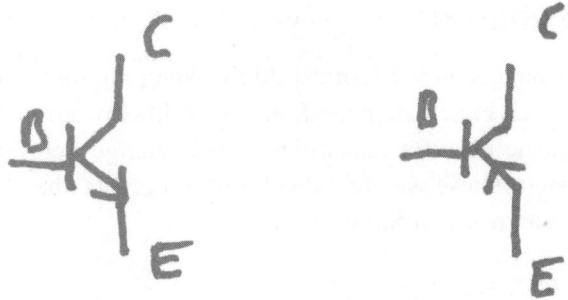

Legt man an den Basiswiderstand eine entsprechend polarisierte Spannung an, so fließt ein **Basisstrom**, der die Kollektor-Emitterstrecke leitfähig macht, so dass ein erheblich größerer Strom als der Basisstrom fließt. Transistoren sind also **Stromverstärker**. Den Stromverstärkungsfaktor nennt man übrigens **Beta**. Jeder Transistor hat je nach Dotierung, Bauart und Größe andere elektrische Eigenschaften, die man in den Datenblättern der Hersteller nachlesen kann.

Transistoren und Dioden können nicht nur einzeln in Gehäuse als Bauteil hergestellt werden, sondern auch in extrem miniaturisierter Form in Prozessoren, Speichern und praktisch allen hochintegrierten Schaltkreisen. Ein typischer Prozessor für PCs oder Grafikkarten enthält ein paar Millionen unserer Transistoren (!). Dort üben sie meist digitale Funktionen aus.

Digitaltechnik

Wir haben kurz Transistoren in ihrer Funktion als Stromverstärker angesprochen. Da unterhalb der Sperrspannung von 0.65 V (bei Silizium, 0,3 V bei Germanium) kein Strom fließen kann, kann man Transistoren auch als Schalter benutzen. Durch entsprechende Kombinationen von solchen Schaltern kann man **logische Grundfunktionen** aufbauen, die die so genannte **Bool'sche Logik** nachbilden, welche die Grundlage der **Digitaltechnik** ist.

Wir fassen solche Transistorschaltungen blackboxmäßig als **logische Gatter** zusammen. Hiervon gibt es im wesentlichen folgende Vertreter:

AND

B	A	C
0	0	0
0	1	0
1	0	0
1	1	1

NAND

B	A	C
0	0	1
0	1	1
1	0	1
1	1	0

OR

B	A	C
0	0	0
0	1	1
1	0	1
1	1	1

NOR

B	A	C
0	0	1
0	1	0
1	0	0
1	1	0

EXOR

B	A	C
0	0	0
0	1	1
1	0	1
1	1	0

EXNOR

B	A	C
0	0	1
0	1	0
1	0	0
1	1	1

Hiermit kann man schon einfache Entscheidungen automatisieren:

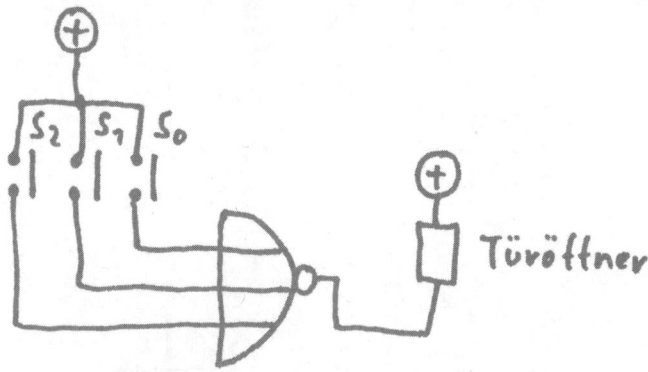

Türöffner

S_2	S_1	S_0	Tür auf
0	0	0	0
0	0	1	1
0	1	0	1
0	1	1	1
1	0	0	1
1	0	1	1
1	1	0	1
1	1	1	1

Die gezeigten Tabellen nennt man übrigens Wahrheitstabellen.

Eine wichtige Schaltung ist das sogenannte Flip-Flop, welches nichts mit den hochstilisierten Badelatschen zu tun hat, sondern ein Speicher ist, der seinen Zustand behält, bis er wieder gelöscht wird. Dies ist zur Speicherung von Informationen enorm wichtig.

RS-Flip-Flop

Reset	Set	Q	$\bar{Q}$
0	1	1	0
1	0	0	1

Wenn man sich überlegt, dass mittlerweile die allermeisten elektronischen Geräte nicht ohne Digitaltechnik funktionieren könnten, ist das erstaunlich. Wie kann man mit An/Aus-Funktionen derart viele verschiedene Dinge machen?

Da Gatter nur 2 Zustände kennen, nennt man diese 0 oder 1, high oder low, an oder aus, je nach Belieben. Beschränken wir uns auf die Nullen und Einsen, dann können wir schöne Tabellen anlegen. Mit diesem **binären System** können wir genauso zählen, wie in unserem gewohnten **Dezimalsystem**. Betrachten wir hierzu folgende Tabelle:

Dezimal	Binär
0	0 0 0 0
1	0 0 0 1
2	0 0 1 0
3	0 0 1 1
4	0 1 0 0
5	0 1 0 1
6	0 1 1 0
7	0 1 1 1
8	1 0 0 0
9	1 0 0 1
10	1 0 1 0
11	1 0 1 1

Da die Breite der Zahlenwerte im Binärsystem relativ schnell wächst, fasst man immer Gruppen von Stellen zusammen. Eine Stelle nennt man ein **Bit**, was also entweder 0 oder 1 sein kann. 4 Bits fasst man zu einem **Nibble** zusammen. Mit einem Nibble kann man bis 16 zählen. 8 Bits bilden ein **Byte**. Mit einem Byte kann man bis 256 zählen. Die Kombinationsmöglichkeiten sind also immer 2^n. Bei 4 Stellen also 16 Werte.

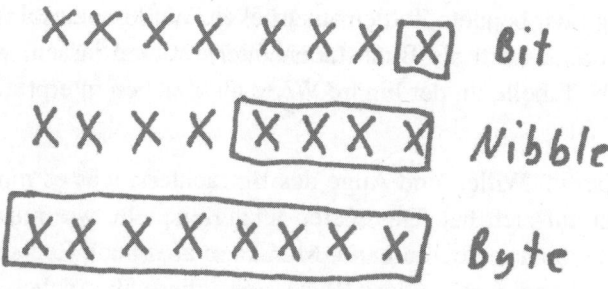

Um die Schreibweisen bei mehreren Bytes noch übersichtlich zu halten, wird das **Hexadezimalsystem** benutzt. Die Basis ist also 16.

Da man mit 4 Bits bis 16 zählen kann, ist eine Stelle des Hexadezimalsystems ein Nibble breit.

So können wir beispielsweise folgende Dezimalzahlen binär und hexadezimal darstellen:

Dezimal	Binär	Hexadezimal
0	0000	0
1	0001	1
2	0010	2
3	0011	3
4	0100	4
5	0101	5
6	0110	6
7	0111	7
8	1000	8
9	1001	9
10	1010	A
11	1011	B
12	1100	C
13	1101	D
14	1110	E
15	1111	F

Jetzt können wir bequem Zahlen ausdrücken. Wir können solche Kombinationen aber auch als Buchstaben interpretieren lassen, wie z. B. eine **ASCII**-Tabelle, in der binäre Werte als Zeichen interpretiert werden.

Es liegt also im Willen und Auge des Betrachters, was es mit diesem Bitgewusel auf sich hat. Das waren jetzt Beispiele, wie man Zahlen und Zeichen binär codieren kann. Man kann aber auch Rechenbefehle entsprechend codieren, so dass Prozessoren diese als solche verstehen können. Hier spielt die zeitliche Folge der Bit-Kombinationen eine Rolle, was als Zahl, Zeichen, Befehl, Ergebnis, Teilergebnis, etc. zu interpretieren ist.

Programmiersprachen bieten dem Programmierer eine mehr oder weniger leicht verständliche Ersatzsprache an, mit der er sich mit einem Prozessor indirekt verständigen kann.

Hochsprachen fassen teilweise Tausende von Zeilen Maschinencode zu einem einzigen Befehl zusammen. Maschinencode, auch Assembler genannt, ist die eigentliche Sprache, die der Prozessor versteht. Da stehen dann so Dinge drin, wie: Addiere Register A und Register B, schreibe das Ergebnis in Hilfsregister D, bewege den Wert an der Adresse XY zum Speicherplatz YX und lauter solche Sachen, die der Normalbürger nicht wissen will.

Assemblerprogrammierung ist nur etwas für Profis und extrem speziell.

Für die Leute, die schnell zu einem passablen Ergebnis kommen müssen, wurden die erwähnten Hochsprachen entwickelt. Als Beispiele sind **BASIC, C, FORTAN, PASCAL, DELPHI** und andere zu nennen, die ihr als Begriffe sicherlich schon einmal gehört habt.

Man mag sich fragen, was Elektronik jetzt eigentlich im Physikunterricht zu suchen hat, aber wie wir gesehen haben, basiert sie auf physikalischen Grundlagen und ist mit ihren Produkten nicht mehr aus unserem Alltag wegzudenken.

Meiner Meinung nach wäre es Zeit, Elektronik als Schulfach einzuführen, da sie eine enorme gesellschaftliche Bedeutung erlangt hat und den Rahmen des Physikunterrichts bei Weitem sprengt.

Chemie ist auch ein Teilgebiet der Physik und wird zu Recht als separates Schul-Fach unterrichtet. Die technische Entwicklung in der Gesellschaft schreitet in großen Schritten voran, die der Lehrpläne irgendwie nicht...

waagerecht

4. Spannungseinheit
6. Energiewandler
8. Stromeinheit
10. Spannung * Strom
14. Formelzeichen Strom
15. Halbleitermaterial
16. Energieeinheit
17. Licht zu Stromwandler

senkrecht

1. Energieeinheit
2. Elektronenverschiebung
3. Stromventil
5. Widerstandseinheit
7. Leistung * Zeit
9. Elektronenfluss
11. Formelzeichen Spannung
12. Formelzeichen Widerstand
13. Überstromschutz
14. Nichtleiter
16. Metall

Optik

Das Licht

Nichts ist für uns so selbstverständlich wie das Sehen. Wir unterscheiden hell und dunkel, Farben und Formen. Aber was ist Licht?

Wir nennen »Licht«, was der Physiker den **sichtbaren Teil des elektromagnetischen Spektrums** nennt. Ein Spektrum kennen wir von einem **Regenbogen** oder einem Prisma sowie von spiegelnden CD-Oberflächen, Öllachen auf Pfützen oder dem Schillern des Sonnenlichtes in einem Wassertropfen nach einem Regen.

Wir sehen, Physik kann richtig herrlich sein.

Normalerweise kommt unser Licht von der Sonne, sofern es sicht nicht um **künstliche Lichtquellen** wie Lampen oder Flammen handelt. Das Sonnenlicht ist in der Mittagszeit weiß, beim Sonnenaufgang bzw. Untergang erst gelblich, dann rötlich, weil die Erdatmosphäre die Blauanteile **streut**, weswegen der Himmel auch blau erscheint.

Aber eins nach dem anderen. Nehmen wir einmal ein **Prisma**, das im Allgemeinen aus Glas besteht und lassen ein schmales Bündel weißes Licht wie folgt auftreffen:

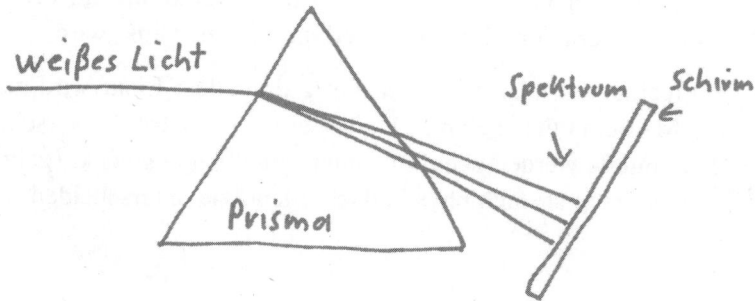

Das Prisma zerlegt das Licht in ein
Bündel von Farben, ähnlich wie ein
Regenbogen: Rot, Orange, Gelb,
Grün, Blau und Violett. Was man
nicht sehen kann:

Vor dem Rot kommt noch **Infrarot** und nach dem Violett
Ultraviolett.

Das sind die »Farben«, die
wir als Menschen nicht sehen
können, wohl aber einige Tiere. Ein
Schlange hat z. B. ein Sinnesorgan, mit dem sie die Infrarotstrahlung
ihrer Opfer »sehen« kann und manche Raubvögel sehen Ultraviolett-
anteile, um die Urinspuren von Mäusen aus der Luft lokalisieren zu
können.

Zurück zu unserem Prisma. Wie wir sehen, besteht unser weißes Licht
offenbar aus mehreren Farben und wird von dem Prima zerlegt. Das
bedeutet aber, dass das Prisma, die einzelnen Farbanteile unterschiedlich bricht, d. h. der **Brechungswinkel** ist unterschiedlich. Die Farben
müssen also auch unterschiedliche Eigenschaften haben. Wir üben uns
gerade in logischem Denken ☺.

Wir resümieren: Ein Prisma besteht aus Glas. Glas ist durchsichtig und
hat eine **höhere Dichte** als Luft. An der Zerlegung des weißen Lichts
sehen wir, dass der ursprüngliche Strahl nicht geradlinig im Prisma
weiterläuft, sondern zum dichteren Medium hin abgelenkt wird.

Wir verallgemeinern also hier mal mutig drauf los: Licht wird zum
dichteren Medium hin abgelenkt. Je dichter, umso mehr. Die verschiedenen Farbanteile werden ebenfalls unterschiedlich abgelenkt (gebrochen), also müssen sie sich physikalisch irgendwie unterscheiden.

Farbmischung

Weißes Licht besteht demnach aus einer Menge an Farben. Wieso sind dann die meisten Gegenstände farbig, wenn weißes Licht darauf fällt?

Wenn ein Blatt grün erscheint, dann müssen die anderen Spektralanteile absorbiert werden. Man kann diesen Vorgang auch als Subtraktion verstehen. Das Zeichnen mit Farbstiften auf weißem Untergrund ist auch eine solche **Farbsubtraktion**. Die Farben absorbieren die jeweils komplementären Farbanteile. Das Drucken ist auch eine subtraktive Farbmischung, bei dem z. B. cyan, magenta und gelb zu unterschiedlichen Anteilen gedruckt werden, um alle anderen Farben mehr oder weniger gut darstellen zu können. Werden alle Farben übereinander gedruckt, entsteht schwarz, d. h. alle Farbanteile werden **absorbiert** – »wegsubtrahiert«

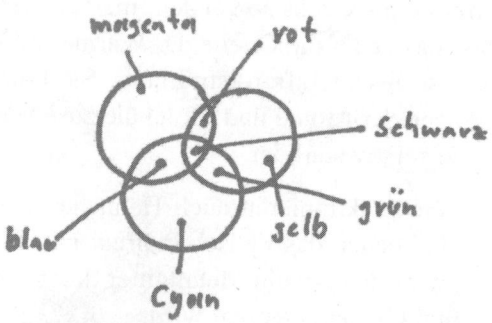

Eine **additive Farbmischung** entsteht, wenn farbige Lichtkegel gemischt werden, wie beim Fernsehbild, dass aus der Addition von grünen, blauen und roten Leuchtpunkten entsteht Unser Gehirn generiert aus diesen 3 Farben, je nach Intensität, alle anderen Farben. Werden die 3 Farben zu gleichen Anteilen additiv gemischt, entsteht weiß.

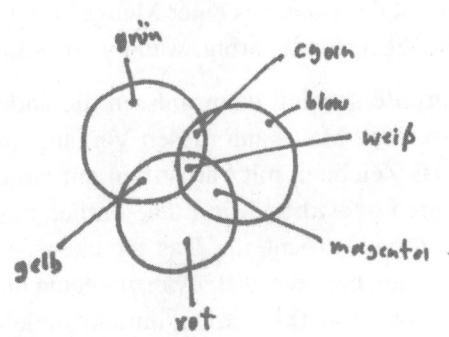

Infrarot und Ultraviolett

Bleiben wir noch ein bisschen bei den unsichtbaren Strahlungsanteilen **Infrarot** und **Ultraviolett**. Wenn wir vor einem Lagerfeuer oder einem Kamin sitzen, spüren wir wohlige Wärme in Form von Strahlung. Wenn wir uns mit dem Gesicht abwenden, merken wir sofort Kühle, was beweist, dass das Feuer die Quelle der Wärmestrahlung ist. Diese Wärmestrahlung ist unsere Infrarotstrahlung. Sie kommt durch das Schwingen der Atome und Moleküle zustande, das bei Feuer relativ stark ist.

So funktionieren auch Hähnchen und Kebabgrille, bei denen das Fleisch indirekt mit Infrarot bestrahlt wird, in dem ein Metallgitter durch eine Gasflamme zum Glühen angeregt wird.

Das **Ultraviolett** unterteilt man zusätzlich in drei Bereiche A, B und C, deren Energie in dieser Reihenfolge zunimmt und somit auch deren Gefährlichkeit für die Haut. Während die A und B-Anteile in Maßen der Gesundheit dienlich und z. B. für die Vitamin D-Bildung unerlässlich sind, sind übermäßige Strahlendosen schädlich, weil sie zu vorzeitiger Alterung und Hautkrebs führen können.

Der UV-C-Anteil wird praktisch vollständig von der **Ozonschicht** absorbiert, weswegen die Zerstörung der Ozonschicht durch **Treibgase** so gefährlich für die Menschheit ist.

Zu häufige **Solariumsbesuche** sind übrigens ebenfalls für die Haut schädlich.

Wenn man mit 40 Jahren zwar braun ist, aber aussieht wie eine Oma, hat man was falsch gemacht ☺.

Mikrowellen

Fast jeder hat zuhause »eine Mikrowelle« stehen. Gemeint ist immer ein Mikrowellenherd, der Speisen aller Art erhitzen kann und zwar durch **Mikrowellenstrahlung**. Hierunter versteht man elektromagnetische Wellen mit Wellenlängen von 1 m bis 1 mm. In unserem Mikrowellenherd regen Mikrowellen speziell Wassermoleküle zum Schwingen an, was sich als Erwärmung bemerkbar macht. Metalle reflektieren Mikrowellen, manche Kunststoffe und Glas sind durchsichtig für sie, so dass man beispielsweise mit Kunststofflinsen diese bündeln kann. »Unsere Mikrowelle« arbeitet übrigens mit 2,45 GHz, das sind 2,45 Milliarden Schwingungen pro Sekunde.

Mikrowellen werden weiterhin für Radar, Mobilfunk, BlueTooth, WLAN und Satellitenfernsehen eingesetzt. Mikrowellen sind nicht harmlos, weil sie Moleküle zum Schwingen anregen und damit eventuell auch biochemische Reaktionen verursachen können. Eine etwas traurige Berühmtheit haben die Krebsleiden von Soldaten erhalten, die an **Radaranlagen** der Streitkräfte arbeiteten.

Hier sind die Feldstärken natürlich sehr viel höher als z. B. bei Mobilfunk, aber auch dessen Unbedenklichkeit ist nach wie vor umstritten. Dadurch dass mittlerweile fast jeder ein Handy besitzt oder Funktelefone im Haushalt, werden die Gefahren nur heruntergespielt, die real vorhanden sind.

Viele regen sich zurecht über die Sendeantennen mitten im Dorf oder in der Stadt auf, halten aber gleichzeitig ihr Handy am Ohr, das ja auch ein Sender ist.

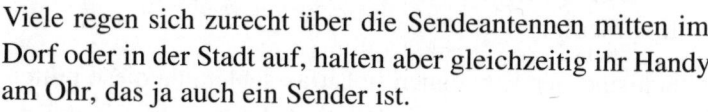

In der Schweiz gibt es wesentlich geringere **Grenzwerte** für die Mobilfunksender als in Deutschland. Warum wohl?

Krebsleiden durch Mikrowellen, wie z. B. Radar, sind wegen der langen Entwicklungszeiten von Tumoren schwer direkt nachweisbar. Erst eine signifikante statistische Häufung in Verbindung mit der Tätigkeit kann dann als echter Nachweis gelten. Dann hat aber das Risiko schon zu einer Erkrankung geführt. Bei begründet vermuteten Gefahren, wie beim Mobilfunk, WLAN, usw. muss logischerweise das **Vorsorgeprinzip** gelten. Aber die menschliche Welt funktioniert selten logisch. Aus physikalischbiochemischer Sicht gehören Sendeantennen nicht in Wohngebiete, die Feldstärken gehören reduziert und die Gesprächsdauer bei Handys reduziert. Damit ist das Risiko minimiert, aber leider nicht völlig beseitigt.

Sehr bedenklich sind Sendeantennen in Litfasssäulen, da diese mitten in Menschenansammlungen angesiedelt sind. Es ist schon komisch, wenn die Betreiber die Dinger auf diese Weise verstecken. Kirchtürme (die heilige Einfältigkeit...) werden auch schon manchmal dazu missbraucht, Sendeantennen zu tarnen. Diese Vorgänge zeigen eigentlich deutlich, dass manche Betreiber teilweise sehr skrupellos agieren.

Wer schon einmal ein rohes Ei in einen Mikrowellenherd erhitzt hat (bitte nicht nachmachen!), weiß, dass es regelrecht explodieren kann. Gleiches gilt für einen Apfel und andere Obstsorten mit fester Schale. Bei diesen Feldstärken ist der **biochemische Einfluss** nicht zu leugnen. Das Eiweiß gerinnt z. B. deutlich, ehe die restlichen Brocken das Innere des Mikrowellenherdes verzieren. Es ist rein logisch schon anzunehmen, dass bei weit geringeren Feldstärken auch schon Wirkungen auf empfindliche biochemische Reaktionen stattfinden, was im Extremfall zu genetischen Schäden führen könnte. Durch die Addition von Feldstärken kann es lokal zur massiven Überschreitung von Grenzwerten kommen, die schwer zu erfassen sind (Wellenaddition, Extremwerte).

Solare Energie

Kehren wir zurück zum Sonnenspektrum. Wir haben gesehen, dass das Sonnenlicht aus einem ganzen Spektrum an Farben besteht und Sonnenlicht ist an unbedeckten Tagen sehr hell. Wir spüren die Wärme ähnlich wie bei einem Ofen. Das bedeutet, hier muss ganz schön viel Energie auf uns treffen. Tatsächlich wird 1 Quadratmeter etwa mit **1000 W** im Sommer bestrahlt, was man zur Energiegewinnung nutzen kann. Zum einen kann man bestimmte Spektralanteile mittels Solarzellen in Strom wandeln, zum anderen große Teile des Spektrums mit schwarzen Absorberflächen in Wärme umwandeln, bzw. die Infrarotstrahlung direkt einfangen und zum Heizen verwenden. Ein typischer Sonnenkollektor zur Wärmegewinnung ist wie folgt aufgebaut:

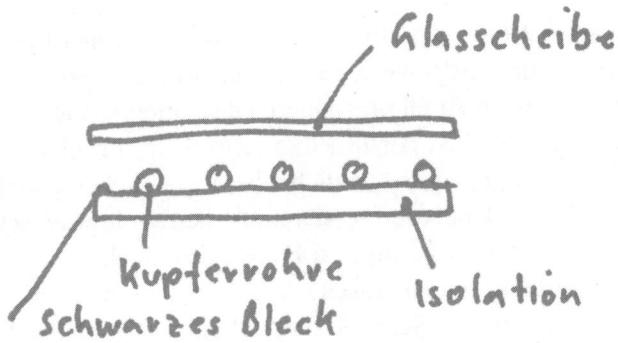

Speziell Bauarten mit Spiegelprofilen erreichen Stillstandstemperaturen von weit über 200 Grad Celsius im Sommer, was locker zum Eierbacken reichen würde.

Solarenergie ist umweltfreundlich, ganz im Gegenteil zu fossilen Brennstoffen wie Gas, Kohle oder Öl. Auch Holz als Brennstoff ist wegen der **Feinstaubbelastung** der Umwelt nicht gerade eine empfehlenswerte Alternative. Die Kernenergie mit den unverantwortbaren Risiken und der ungelösten Entsorgungsproblematik ist ebenfalls nicht gerade eine der besten Erfindungen der Menschheit. Also angehende Physiker: Lasst Euch was einfallen, wie man die natürlichen Energiequellen besser ausnutzen kann!

Solarzellen sind im Prinzip großflächige **Fotodioden**, die Licht direkt in elektrischen Strom wandeln. Es gibt sie in den verschiedensten Ausführungen und Wirkungsgraden. Mittlerweile sind in Deutschland schon viele Dächer mit Solaranlagen ausgerüstet worden und es gibt reichlich Literatur zu diesem Thema, so dass wir es hier nicht weiter vertiefen wollen.

Kunstlicht

Zurück zum Licht. Wir kennen auch künstliche Lichtquellen, wie Lampen oder Flammen. Das Spektrum einer Glühbirne unterscheidet sich deutlich von dem der Sonne, ebenso wie Halogenlampen oder Neonröhren. Bei den elektrischen Leuchtmitteln wird immer elektrische Energie in Form von Strom zum Anregen von Atomen verwendet. Diese senden dann, je nach zugeführter Energie, Strahlung ab. Mit dem Wirkungsgrad hapert es bei den meisten Leuchtmitteln beträchtlich. So erzeugt eine typische Glühbirne zwar jede Menge Infrarotstrahlung, aber nur verhältnismäßig wenig sichtbare Strahlung. Das Ding ist eher ein Heizstrahler als eine Lichtquelle.

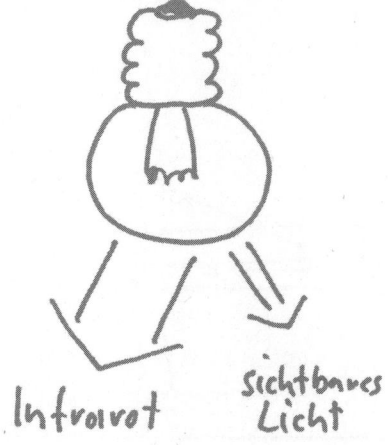

Besser sieht es mit Neonröhren und Energiesparlampen aus, noch besser mit speziellen LEDs und neuen organooptischen Stoffen. Hier lassen sich erhebliche Energiekosten sparen.

Brechung

Wir haben gesehen, dass ein Prisma weißes Licht in sein Spektrum
zerlegen kann. Das ist zwar hübsch, aber nicht immer erwünscht, wenn
das jedes Glas so tun würde. Keine Kamera, Teleskop, Mikroskop oder
Fernglas ohne Regenbogen statt scharfer Bilder? Zum Glück gibt es
hier erhebliche Unterschiede zwischen den Glassorten und bei hohen
Anforderungen sogenannten optische Vergütungen, wie spezielle
Metalldampfbeschichtungen der Oberflächen, um diese ungewollte
Spektralbrechung zu verhindern.

Im Folgenden betrachten wir vereinfacht nur die Brechung von weißen
Lichtstrahlen, um optische Effekte erklären zu können. Was passiert
z. B., wenn ein Lichtstrahl schräg auf eine Wasseroberfläche trifft? Jeder, der schon einmal versucht hat, eine Münze aus einem Wasserbe-
cken zu holen, wird bemerkt haben, dass die Münze wohl nicht dort
liegt, wo man sie sieht:

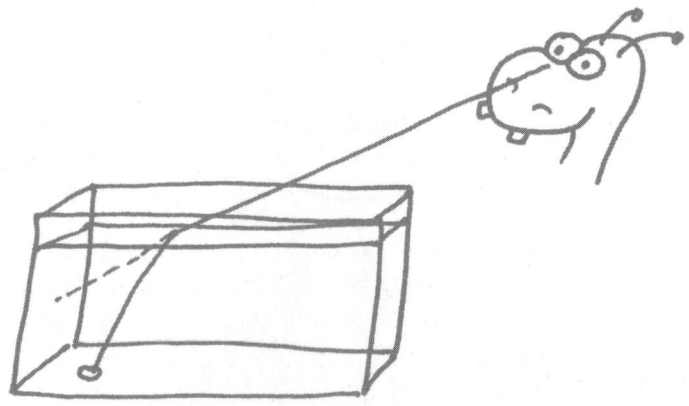

Dass das Licht zum dichteren Medium hin gebrochen wird, haben wir ja schon beim Prisma gesehen. Nun, Wasser ist auch dichter als Luft, weswegen das Gleiche passiert. Um das Ganze korrekt auszudrücken, führen wir das »Lot« ein. Ein Lot ist einfach die Senkrechte zu einer Oberfläche. Schauen wir uns einen Spiegel an, der flach auf dem Boden liegt und stellen einen senkrechten Stab darauf, haben wir ein Lot errichtet.

Lassen wir einen Lichtstrahl schräg auf den Spiegel fallen, so sehen wir, dass dieser im gleichen Winkel zum Lot reflektiert wird, wie er einfällt. Der **Austrittswinkel** ist gleich dem **Einfallswinkel** (immer bezogen auf das Lot) bei einer Reflexion.

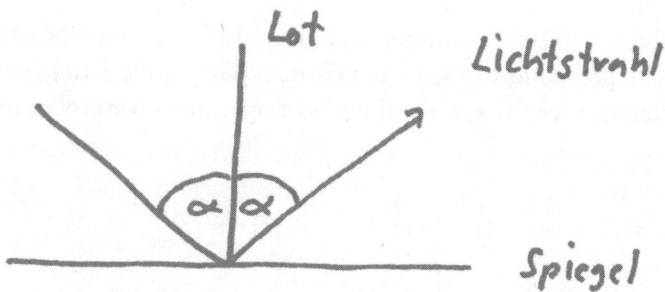

Zurück zur Brechung. Betrachten wir hier wiederum die Eintritts- und Ausfallwinkel in Bezug auf das Lot, so stellen wir fest, dass sich diese Winkel unterscheiden. Das Licht wird vom dichteren Medium Richtung Lot gebrochen. Der Ausfallswinkel wird auch manchmal Brechungswinkel genannt, um die Schüler etwas zu verwirren.

Ab einem bestimmten Winkel tritt übrigens **Totalreflexion** auf, d. h. es findet kein Übergang zum anderen Medium statt, sondern der Strahl wird wie bei einem Spiegel einfach reflektiert. Eine bekannte technische Anwendung dieser Totalreflexion an Grenzflächen ist die **Glasfasertechnik**, die Lichtwellen zur Informationsübertragung verwendet.

Glasfaser

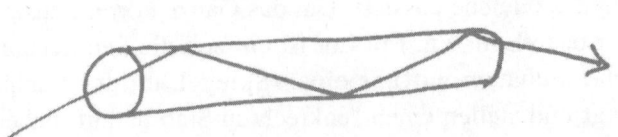

Vielleicht kennt ihr diese Büschelleuchten aus Glasfasern, die zyklisch ihre Farben ändern, weil an der Unterseite eine farbige Scheibe über einer Lampe rotiert?

Die Lichtstrahlen bewegen sich durch die Glasfasern und treten an der Oberseite wieder aus, was wie funkelnde Sternchen aussieht.

Man kann nun Glaskörper aufgrund dieser Erkenntnisse über die **Brechung** entsprechend formen, so dass man damit tolle Dinge anstellen kann. Nehmen wir mal eine einfache Lupe, auch Vergrößerungsglas genannt:

Linse

Brennpunkt

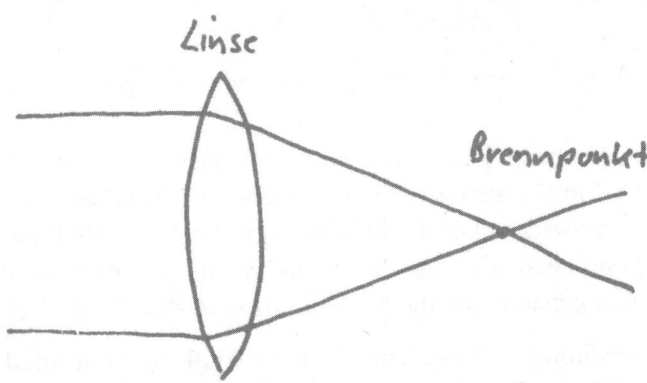

Wir können damit kleine Gegenstände, Bilder oder Zeichen vergrößern oder umgekehrt, das parallele Sonnenlicht bündeln um so einen sehr heißen Fleck zu erzeugen, mit dem man z. B. Papier entzünden kann. Deswegen nennt man Lupen auch manchmal Brenngläser.

Betrachtet man sich den Strahlengang, so sieht man deutlich die Brechung zum Glas hin, die das Licht in die gewünschte Richtung lenkt.

Solche speziellen Glaskörper nennt man auch **Linsen**. Hiervon gibt es konvexe und konkave, je nachdem, wie deren Oberfläche gekrümmt ist.

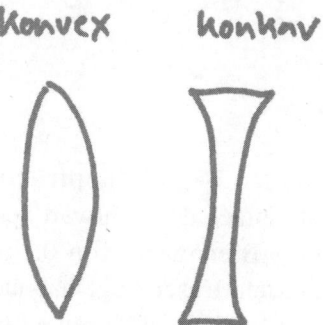

Konvexe Linsen sammeln das Licht, während konkave es streuen. Optische Instrumente verwenden unterschiedliche Linsenarten, um die gewünschten Vergrößerungen oder Abbildungen zu erreichen. **Spiegelteleskope** haben zusätzlich einen großen parabolischen Spiegel, um möglichst viel Licht zu sammeln:

Ein wichtiger Begriff in der Optik ist die **Brennweite f**. Die Brennweite ist einfach der Abstand von der Linsenmitte zum **Brennpunkt**:

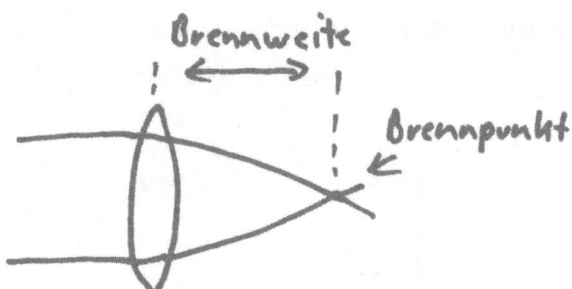

Die Optiker verwenden den Begriff **Dioptrie**, auch **Brechkraft** genannt. Eine Dioptrie ist einfach der Kehrwert der Brennweite, als $1/f$.
Hat eine Linse also eine Brennweite von 0.1 m, so hat sie $1/0.1$ m
Dioptrien, also 10 Dioptrien. Unser Auge hat auch eine Linse, die die
Umgebung auf die Netzhaut abbildet. Da eine Linse sowohl die Seiten
als auch oben und unten vertauscht, muss unser Gehirn dieses Abbild
korrigieren, damit wir uns zurechtfinden.

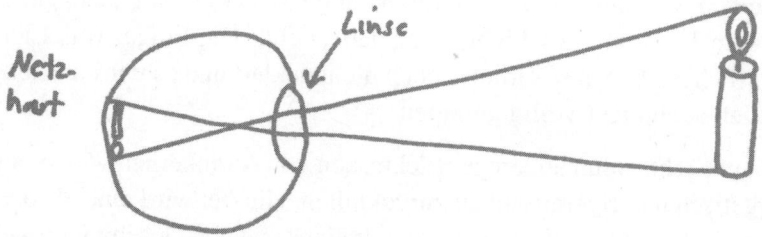

Bei vielen Menschen kommt es vor, dass der Abstand der **Augenlinse** zur **Netzhaut** nicht optimal für eine scharfe Abbildung ist. So werden bei **Kurzsichtigkeit** nur nahe Gegenstände scharf gesehen und bei Weitsichtigkeit weiter entfernte Objekte. Diese Sehfehler können durch entsprechende Linsen behoben werden, entweder in Form von Brillen oder Kontaktlinsen.

Ursprung von Licht

Wichtige optische Anwendungen haben in den letzten Jahrzehnten **Laserstrahlen** erreicht. Laserlicht ist streng monochrom, d. h. es besitzt kein Spektrum, sondern nur eine Farbe. Diese wird teilweise mit beträchtlicher Energie erzeugt bei sehr kleinen Strahldurchmessern. Damit kann man z. B. Schweißen, physikalische Experimente durchführen, CDs und DVDs lesen und beschreiben, Barcodes scannen und vieles mehr. Laserlicht wird durch Anregen von Elektronen erreicht, die dadurch auf eine höhere Bahn gehoben werden, um dann quasi synchronisiert mit anderen angeregten Elektronen, wieder auf die ursprünglichen Bahnen zurückzufallen. Hierbei werden sehr viele gleichfrequente (monochromatische) und phasengleiche Photonen ausgesendet.

Nachdem wir einige optische Grundkenntnisse erworben haben, gehen wir dem Ursprung des Lichtes auf den Grund. Die Frage, was Licht eigentlich ist, haben wir immer noch nicht geklärt und es wird uns letztendlich auch nicht völlig gelingen.

Licht entsteht, wenn angeregte Elektronen von Atomkernen wieder auf energetisch niedrigere Bahnen zurückfallen. Hierbei wird eine elektromagnetische Welle ausgesandt, die mit einer riesigen Geschwindigkeit davon saust, nämlich mit 300.000 km/s oder physikalisch korrekter mit etwa $2.998 \cdot 10^8$ m/s. Das entspricht etwa 7 Erdumkreisungen in der Sekunde!

Alle Jahre wieder schießen wir Feuerwerksraketen in den Himmel und erfreuen uns an den bunten Lichtern, die den Nachthimmel verzaubern.

In den Raketen sind sogenannte Leuchtkugeln. Sie bestehen aus Schwarzpulver mit Salzen verschiedener Metalle. Bei der Verbrennung werden die Elektronen dieser Metallatome in höhere Schalen gehoben. Beim Zurückfallen auf ihre alten Bahnen senden sie Photonen aus, die, je nach Metallsorte, verschiedene Farben repräsentieren. Barium sendet grünes Licht aus, Strontium rotes, usw. Wir kennen dies eventuell aus dem Chemieunterricht, wo Metalle über ihre Flammenfärbung nachgewiesen werden können. Das ist natürlich in dieser Form eher eine theoretische Methode, denn das Auge ist nicht in der Lage, mehrere Spektrallinien zu unterscheiden, wenn mehrere Metalle gleichzeitig vorkommen.

Die Methode ist somit nur bei ohnehin ziemlich reinen Stoffen aussa-gekräftig.

Spezielle Geräte, so genannte **Spektrometer**, ermöglichen erheblich genauere Analysen als das Auge.

Da diese Schalensprünge sehr definierte Energieniveaus besitzen, tritt kein kontinuierliches Spektrum auf, sondern sogenannte **Spektralli-nien**, die Photonen mit fester Frequenz darstellen. So emittiert Natrium z. B. eine gelbe Spektrallinie. Mit entsprechenden optischen Geräten und Vergleichswerten lassen sich Objekte im Weltraum auf ihre Zu-sammensetzung hin untersuchen.

Aus der Verschiebung von Spektrallinien, also dem Unterschied zwischen dem gemessenen und tatsächlichen Wert, lassen sich Fluchtgeschwindigkeiten ganzer Galaxien messen.

Dies ist die sogenannte Rotverschiebung. Entfernt sich ein Objekt sehr schnell vom Betrachter, erniedrigt sich die Frequenz der Photonen zum roten Bereich des Spektrums hin. Beim Schall kennen wir diesen Effekt als **Dopplereffekt**. Wenn ein Fahrzeug mit einer Sirene sich auf uns zubewegt, erscheint der Ton höher, als nach dem Vorbeifahren, wo er tiefer klingt.

Die Farbe des Lichtes hängt von dessen Energie ab. Licht ist also eine **Welle** und eine Welle hat eine Wellenlänge und eine Frequenz.

Da sich die elektrischen und magnetischen Komponenten dieser Wellen quer zur Ausbreitungsrichtung sinusförmig verändern, nennt man elektromagnetische Wellen auch **Transversalwellen** (Querwellen).

Die Energie des Lichtes entspricht dem Produkt aus dem **Planckschen Wirkungsquantum h** und der Frequenz:

$$W = h \cdot f$$

Das ist unsere Farbe, die wir wahrnehmen. Rotes Licht hat z. B. eine niedrigere Energie als blaues, weil es eine geringere Frequenz hat.

Dieses **Energiequäntchen** nennt man auch **Photon** und ist als einzelne Welle zu verstehen, die mit Lichtgeschwindigkeit durch den Raum saust. Da nach Einstein

$$W = m \cdot c^2$$

ist, hat das Photon auch eine Masse und damit auch einen Impuls.

Allerdings haben Photonen keine **Ruhemasse**, weil sie nur bei Lichtgeschwindigkeit existieren. Diese Lichtgeschwindigkeit ist eine universelle Naturkonstante im Vakuum. Durch deren Kenntnis kann man z. B. Entfernungen im Weltall exakt messen. Durchsichtige Körper hingegen verringern die Lichtgeschwindigkeit durch Wechselwirkung mit den Lichtwellen, weswegen Glasfasern z. B. Informationen nicht mit voller Lichtgeschwindigkeit übertragen, sondern geringfügig langsamer.

Ein einzelnes Photon kann man mit dem menschlichen Auge nicht wahrnehmen, es müssen schon erheblich größere Mengen davon auf unsere Netzhaut treffen, damit wir ein farbiges Bild unserer Umwelt wahrnehmen können.

Die Helligkeit (Lichtstärke) hängt also direkt mit der Anzahl der Photonen zusammen. Früher hat man eine Kerze als Maßeinheit genommen und die Helligkeit in Candela (lat. Kerze) gemessen.

Heute definiert man physikalisch reproduzierbarer 1 Candela als den 60. Teil der Lichtstärke, die durch eine 1 cm² große Öffnung eines elektrisch geheizten Ofens der Temperatur 1773 Grad Celsius austritt. Das klingt zwar irgendwie nach einer Definition von anno 1773, ist aber durchaus ernst gemeint ☺.

Da unsere Augen aber keine physikalische exakten Messgeräte sind, sondern z. B. den grüngelben Spektralbereich am empfindlichsten wahrnehmen, nützt einem die physikalische Definition in einem zu beleuchtenden Raum nicht allzu viel. Deswegen hat man die bewertete Lichtstärke Lumen definiert, die die Empfindlichkeit der menschlichen Augen berücksichtigt.

Da Photonen elektromagnetische **Transversalwellen** sind, d. h. senkrecht zur Ausbreitungsrichtung elektromagnetisch schwingen, besitzen sie seitliche Schwingungsebenen. Sie sind polarisiert, sagt man. Mittels spezieller Filter, sogenannter Polarisationsfilter, kann man bestimmen, welche Schwingungsebenen das Filter passieren dürfen und welche nicht. Verdreht man zwei hintereinanderliegende Polarisationsfilter um 90 Grad, so kommt praktisch kein Licht mehr hindurch. Solche Filter verwendet man z. B. in der Fotografie. Bienen und andere Insektenarten können die Polarisation des Wolkenhimmels direkt sehen und so besser die Wetterlage beurteilen.

Beugung

Treffen Lichtstrahlen auf sehr schmale Blenden, werden sie an deren Kanten gebeugt und es entstehen neue, sogenannte Elementarwellen. Die Spaltbreite muss sich dabei in der Größenordnung der Wellenlänge bewegen, damit dieser Effekt auftritt. Diese neuen Elementarwellen treten also im Spalt auf und überlagern sich zu sogenannten **Interferenzmustern**. Das sieht so ähnlich aus, wie die Moire-Muster von 2 sich überlappenden Gardinen, auch wenn dies andere Ursachen hat.

Bei der Beugung löschen sich gegenphasige Lichtwellen aus und gleichphasige verstärken sich, so dass helle und dunkle Bereiche auftreten:

Dieser Effekt wird z. B. zur Untersuchung von Kristallgitterstrukturen verwendet, da man mathematisch die Gitterabstände der Atome mittels der verwendeten Wellenlängen und der Interferenzmuster bestimmen kann. Allerdings liegen die hier verwendeten Wellenlängen im **Röntgenbereich**, also über dem sichtbaren Spektrum (kürzere Wellenlängen).

Elektromagnetische Kommunikation

Mittels technischer Geräte können wir unsere Wahrnehmung auch in unsichtbare Bereiche ausweiten. Hierzu zählen z. B. **Infrarotkameras**, die **Wärmebilder** erzeugen und die Radioastronomie, die das Weltall anhand von Radiowellen untersucht, was zu erstaunlichen Erkenntnissen über unser Universum geführt hat.

Hierzu gehört auch die Suche nach außerirdischem Leben, weil man glaubt, dass sich dieses in Form von Radiowellen bemerkbar machen müsste.

Wenn solche Aliens die Radiowellen der Erde empfangen können, bekommen sie sicherlich einen sehr guten Eindruck von den intellektuellen Fähigkeiten der Menschheit. Man stelle sich vor, Aliens würden Funkwellen empfangen, die von einem unscheinbaren kleinen blauen Planeten stammen. Nach Tagen der Forschung konnten diese entschlüsselt werden. Sie sahen: »Terminator«, »Die Schwarzwaldklinik«, »Dracula«, Gruselfilme uvm. Cool, nicht?

Auch Radiosendungen konnten entschlüsselt werden. Man wird diese rhythmischen Werke wohl als naive Balzgesänge primitiver Lebensformen einstufen und diesen Planeten für ziemlich uninteressant halten ☺.

Das könnte unser Glück sein...

Fotoelektrische Effekte

Unter fotoelektrischen Effekten versteht man die Beeinflussung von Elektronen durch Photonen. Hier gibt es 4 verschiedene Effekte, die nachfolgend erklärt werden.

Der **äußere Fotoeffekt** bewirkt das Herausschlagen von Elektronen aus Metallplatten durch kurzwelliges Licht. Die Energie der Photonen entspricht dem

Plank'schen Wirkungsquantum multipliziert mit deren Frequenz.

$$W = h \cdot f$$

Dadurch kann man die **Austrittsarbeit** bestimmen, die notwendig ist, die Elektronen aus verschiedenen Metallen »herauszuschlagen«.

Wenn die Metallionen wieder Elektronen einfangen, senden sie ihrerseits Photonen aus, worin der Glanz von Metallen begründet ist.

Der **innere Fotoeffekt** hebt Elektronen durch Photonenbeschuss in ein höheres Energieband, womit sich bei einigen Materialien die elektrische Leitfähigkeit erhöhen kann.

Bei der **Fotoionisation** trennen sich Gasmoleküle durch Bestrahlung mit kurzwelligem Licht von ihren Außenelektronen, was eine Ionisation zur Folge hat.

Der **fotovoltaische Effekt** entspricht dem inneren fotoelektrischen Effekt jedoch bei Halbleitern, die einen pn-Übergang aufweisen. Man nutzt ihn z. B. für die Herstellung von Solarzellen, weswegen man die Verwendung von Solarzellen auch als Fotovoltaik bezeichnet.

Compton-Effekt

Beim Compton-Effekt verringert sich die Wellenlänge und damit auch die Energie von Photonen nach dem Zusammenstoß mit freien Elektronen.

Man geht davon aus, dass das Photon ein Elektron trifft, eine kurze Zeit absorbiert wird und danach ein neues Photon mit geringerer Wellenlänge emittiert wird.

Es findet damit eine **Energieübertragung** an das Elektron statt in Form von Bewegung.

Energieverluste von Photonen

Um das Schwerefeld eines Planeten zu verlassen benötigt man Energie, was den Photonen nicht anders ergeht. Die Energie eines Photons verringert sich beim Verlassen eines Schwerefeldes um die **potentielle Energie**, die hierzu nötig ist und verringert damit seine Frequenz, wegen der Beziehung:

$$W = h \cdot f$$

Da das Planck'sche Wirkungsquantum eine Konstante ist, ist eine **Energieänderung** nur über die **Frequenz** möglich. Das Licht wird also langwelliger. Bezogen auf unsere Sonne bedeutet dies, dass das gesamte Spektrum bis zum Eintreffen auf die Erde eine leichte Verschiebung Richtung Rot erfahren hat, wenn man das für uns sichtbare Spektrum als Bezug nimmt, weil das Licht das Gravitationsfeld der Sonne überwinden muss und dadurch Energie verliert.

waagerecht

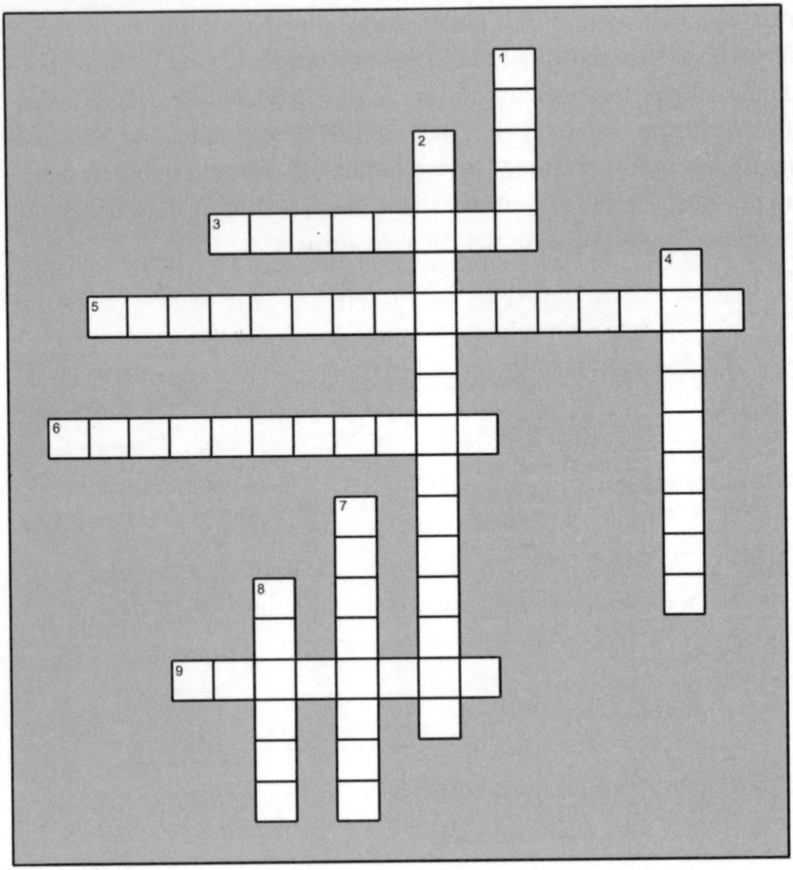

3. Wärmestrahlung

5. Querwelle

6. UV-C Schutzschicht

9. Optikereinheit

senkrecht

1. elektromagnetische Welle

2. Sehfehler

4. Lichtleiter

7. Frequenzbereich

8. Lichtquant

Magnetismus

Magnetfeld

Ein typischer Versuch im Physikunterricht läuft
so ab:

Ein **Dauermagnet** wird von Hand durch eine Luftspule bewegt, die an ein Oszilloskop angeschlossen ist. Ein Oszilloskop ist so eine Art Fernseher für
elektrische Spannungen, die sich zeitlich verändern. Man sieht in unserem Fall, dass eine Spannung in Abhängigkeit von der Bewegung
des Dauermagneten durch die **Spule** erzeugt wird. Je schneller, desto
größer ist die Spannung. Die Richtung der Magnetpolarität bestimmt
die Polarität der erzeugten **Induktionsspannung**.

Man sagt auch, dass eine Spannung in einer Spule durch ein sich ver-
änderndes Magnetfeld induziert wird.

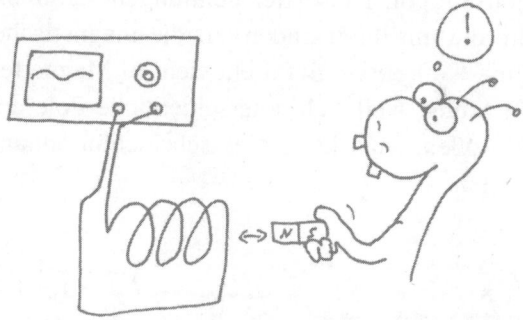

Der nächste Versuch zeigt die **Feldlinien** eines **magnetischen Feldes**.
Man legt unseren Dauermagnet auf den Tisch, legt ein Blatt weißes
Papier darüber und streut **Eisenfeilspäne** gleichmäßig darüber. Es bildet sich ein typisches Muster aus, das den Verlauf der Feldlinien zu
den Polen unseres Dauermagneten zeigt.

Eine mit Gleichstrom durchflossene **Luftspule** zeigt ein ähnliches
Muster.

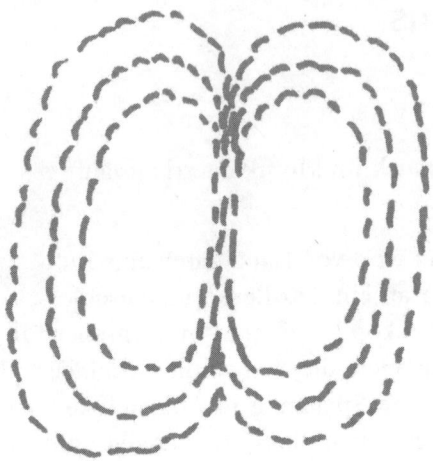

Der Unterschied besteht darin, dass unser Dauermagnet ein **permanentes Magnetfeld** besitzt und unsere Luftspule ständig elektrische Energie ungewollt in Wärme wandelt.

Unser Dauermagnet und die Luftspule haben 2 erkennbare **Pole**, einen Nord- und einen Südpol. Diese Bezeichnungen stammen noch von Kompassnadeln, die mit ihren Enden auf die magnetischen Pole der Erde zeigen. Eine **Kompassnadel** dreht sich im Magnetfeld der Erde in Nord-Süd-Richtung, weil sich unterschiedliche Pole anziehen und gleiche Pole abstoßen. Man kann dies sehr schön anhand mehrerer Stabmagnete zeigen:

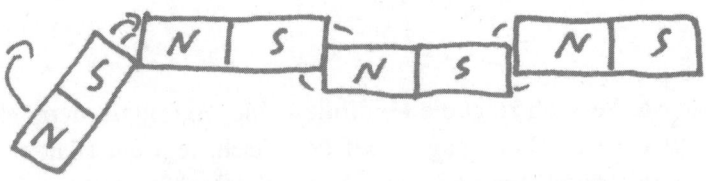

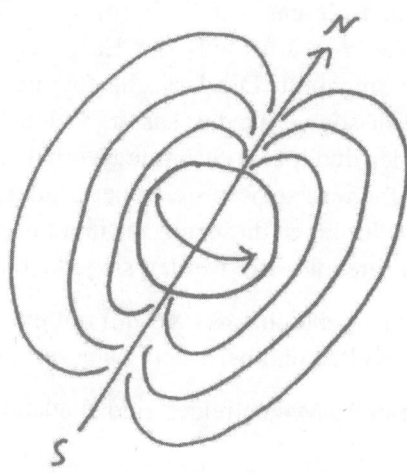

Sie ordnen sich dadurch quasi von selbst aufgrund ihrer Magnetfelder. Das Magnetfeld der Erde ragt weit in den Weltraum hinaus und schützt die Erde vor dem Bombardement elektrisch geladener Teilchen aus dem All.

Das Magnetfeld der Erde hat große Ähnlichkeit mit dem Feld einer Luftspule, die von Gleichstrom durchflossen wird:

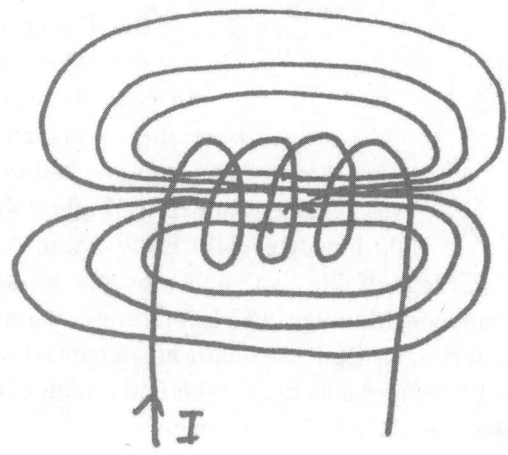

Das Magnetfeld der Erde entsteht in ihrem Inneren und ist stetigen Umpolungen unterworfen. Im Laufe der Erdgeschichte hat sich das Magnetfeld öfters umgepolt. Die Ursache für diese Vorgänge liegt scheinbar in der Flussdynamik des **Eisen-Nickel-Kerns** im Innern unseres Planeten, der durch sein Strömungsverhalten das Magnetfeld der Erde erzeugt. Übrigens steht uns eine neue Umpolung unmittelbar bevor. Welche Auswirkungen diese auf uns und unsere Umwelt haben wird, ist noch umstritten. Positiv werden sie jedoch nicht sein...

Wieso benötigt man eigentlich **Energie**, um mit einer Spule ein Magnetfeld aufrechtzuerhalten und bei einem Dauermagnet nicht?

Für die Erzeugung eines Magnetfeldes sind fließende Elektronen verantwortlich.

Würde dieser Strom ohne Widerstand fließen, würde man tatsächlich keine Energie zur Aufrechterhaltung des Magnetfeldes benötigen. Aus diesem Grund ist man sehr an der Entwicklung von Hochtemperatur-**Supraleitern** interessiert.

Diese Materialien haben tatsächlich keinen Widerstand mehr bis zu ihrer so genannten Sprungtemperatur.

Bei Dauermagneten ist das Magnetfeld durch die **räumliche Ausrichtung** kristalliner Bereiche verursacht, die quasi ihre **Elementarmagnete** dadurch bündeln, was in einem äußeren Magnetfeld resultiert. Jede bewegte elektrische Ladung erzeugt ein Magnetfeld, also auch **bewegte Elektronen**. Bei manchen Metallen und Legierungen kann man diese »Elementarmagnete« derart ausrichten, dass auf Dauer ein bleibendes äußeres Magnetfeld erhalten bleibt. Daher kommt wohl der Name Dauermagnet.

Vielleicht habt ihr zuhause einen Schraubendreher, an dem kleine Schrauben hängen bleiben. Falls nicht, braucht ihr nur mit einem Pol eines Dauermagneten einmal längs am Metall entlang zu streichen.

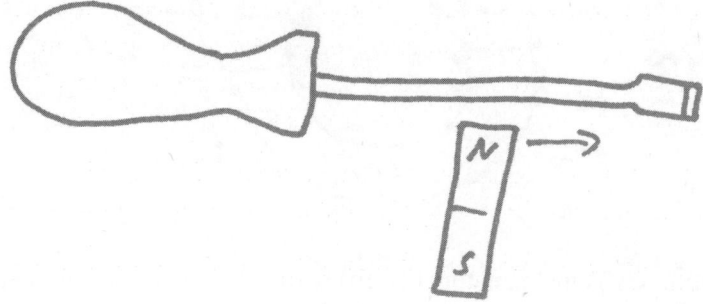

Danach bleiben kleiner Eisenteile daran hängen. Das kann praktisch sein, wenn man an unzugänglichen Stellen hineingefallene Schrauben wieder holen will.

Schlägt man den so aufmagnetisierten Schraubendreher auf einen harten Gegenstand, so wird die Magnetkraft des Schraubendrehers deutlich geringer. Hier erkennt man, dass die magnetische Polarisierung ein mechanischer Vorgang ist. Ihr habt praktisch die ausgerichteten Elementarmagnete wieder mechanisch durcheinandergewürfelt.

Induktion & Co

Eine wichtige technische Anwendung von Magnetfeldern sind **Transformatoren**. Sehr viele elektrische Geräte enthalten diese, um aus den 230 V-Netzspannung niedrigere Spannungen zu erzeugen. Transformatoren funktionieren nur mit Wechselspannungen, da sonst kein wechselndes Magnetfeld entstehen kann, das eine Spannung in einer 2. Spule induzieren könnte.

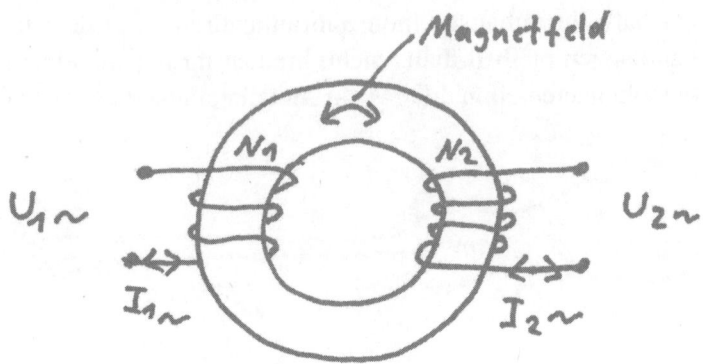

Im Innern des Transformators (Trafo) befindet sich ein **Eisenkern**, der das Magnetfeld wesentlich besser leitet als Luft. Auf der einen Seite befindet sich die **Primärwicklung** an der der Trafo gespeist wird. Auf der anderen die **Sekundärwicklung**, an der die induzierte Spannung abgegriffen werden kann. Die **Wicklungen** müssen übrigens nicht gegenüberliegen, sie können auch (isoliert) aufeinanderliegen, das spielt keine Rolle. Die ist z. B. bei **Ringkerntrafos** der Fall.

Das **Windungsverhältnis** bestimmt nun, wie groß die Sekundärspannung wird. Man nennt die Primärwindungszahl N_1, die Sekundärwindungszahl N_2.

Die Spannungen verhalten sich entsprechend N_1/N_2. Ist $N_1 = 1000$ und $N_2 = 100$, so ist das Verhältnis 10/1. Die Sekundärspannung ist somit 23 V groß.

Ist das Verhältnis $N_1/N_2 = 0.1$ so würden 2300 V auf der Sekundärseite entstehen. Da die zugeführte Energie im wesentlichen der abgegebenen Sekundärenergie entspricht, von Trafoverlusten durch **Ummagnetisierung** und **Leiterverlusten** einmal abgesehen, muss gelten $P_1 = P_1$. Etwas flapsiger: Soviel wie reingeht kommt auch wieder raus.

Die Leistung P ist aber das Produkt aus Spannung und Strom, so dass wir sagen können:

$$P = U \cdot I \rightarrow U_1 \cdot I_1 = U_2 \cdot I_2$$

Das bedeutet, wenn die Sekundärspannung U_2 höher als die Primärspannung U_1 ist, dass weniger Sekundärstrom I_2 zur Verfügung stehen kann, sonst würde ja mehr Leistung entnommen, als primär eingespeist wird. Umgekehrt ist es so, dass bei niedrigerer Sekundärspannung mehr Strom entnommen werden kann. Es wird also sowohl Strom als auch Spannung **transformiert**, sagt man.

Ein elektrischer Motor benutzt ebenfalls durch Wechselspannung erzeugte Magnetfelder, um **mechanische Energie** zur Verfügung zu stellen. Hiervon gibt es Hunderte von brauchbaren Patenten mit geometrischen Anordnungen von Spulen, Gegenspulen, Dauermagneten usw. mit denen man am besten mechanische Leistung optimieren kann. Das Grundprinzip ist jedoch immer das Gleiche: Gleiche Pole stoßen sich ab, ungleiche ziehen sich an. Durch ständiges Umpolen kann man dies in eine Bewegung wandeln.

Auch das umgekehrte Prinzip ist möglich. Man kann mit rotierenden Magneten und sinnvollen Spulenanordnungen Spannungen induzieren. Man nennt diese Geräte **Generatoren**. Sie dienen der Energiewandlung und wandeln aus mechanischer Energie elektrische. Generatoren werden in allen Kraftwerken verwendet, um mechanische Energie in elektrische zu wandeln, die letztendlich zum Teil an unseren Haussteckdosen zur Verfügung gestellt wird.

Wieso besitzt ein Transformator einen Eisenkern? Betrachten wir zunächst eine Luftspule durch die ein Wechselstrom fließt. Dieser Strom verursacht ein **wechselndes Magnetfeld** im Innern. Wenn wir die Spule verlängern, müssen die Feldlinien, die wir mit Eisenfeilspänen sichtbar gemacht haben ebenfalls länger werden. Wir nehmen einmal an, dass ein räumlich größeres Magnetfeld auch mehr **Energie zum Aufbau** benötigt als ein kleines.

Wir definieren deshalb wie folgt als magnetische Erregung H:

$H = I \cdot N_1 / l_m$ [A/m]

Die **magnetische Erregung H** ist also der **Windungszahl N_1** und der **Stromstärke** I proportional und der **magnetischen Länge l_m** umgekehrt proportional. Wir haben also jetzt ein Magnetfeld durch diese Erregung in unserer Luftspule generiert

Was passiert jetzt in einer 2. Wicklung, die über die erste gewickelt ist? Wir messen wie bei einem Trafo eine Wechselspannung, die vom erzeugten magnetischen Wechselfeld verursacht wird und dem Windungszahlverhältnis proportional ist. Diese Spannung wird induziert, sagt man.

Diese **Induktionsspannung** hat die Größe:

$B = \mu_o \cdot H$ mit $\mu_o = 4 \cdot Pi \cdot 10^{-7}$ [Vs/Am]

μ_o ist ein Proportionalitätsfaktor, genannt **magnetische Feldkonstante**.

Obige Formel gilt für das Vakuum und in sehr guter Näherung für Luft.

Wir können deshalb für die induzierte Spannung folgende Formel anwenden:

$$U_{ind} = N_2 \cdot d\phi/dt = N_2 \cdot A \cdot dB/dt$$

Die induzierte Spannung U ist also von der Sekundärwindungszahl N_2, der vom Magnetfeld **senkrecht durchfluteten Fläche A** und der **zeitlichen Änderung der Induktion** B abhängig. Das Produkt aus Fläche • Induktion nennt man übrigens **magnetischen Fluss**.

Jetzt kommen wir zu der Frage, wieso ein Transformator einen Eisenkern anstelle von Luft besitzt. Eisen und andere magnetische Legierungen besitzen eine erheblich größere »Leitfähigkeit« für magnetische Feldlinien, um es anschaulich auszudrücken. Man führt deswegen einen relativen Faktor ein: µr, die so genannte **relative Permeabilität**.

Betrachten wir einmal einen Hubmagneten:

Speist man die Spule des Hubmagneten mit Strom, so zieht diese den Eisenkern nach innen. Das Magnetfeld hat also die Tendenz sich zu verkürzen und übt dadurch eine Kraft auf den Eisenkern aus.

Die sogenannte relative Permeabilität besitzt für magnetische Materialien sehr unterschiedliche Werte. Das Vakuum besitzt eine relative Permeabilität von 1, ebenso Luft, bis auf mehrere Stellen hinter dem Komma.

Während Reineisen etwa Werte um 2000 besitzt, liegen Nickel-Eisen-Legierungen in Bereichen bis etwa $\mu_r = 300.000$ (!)

Hiermit vergrößert sich die Induktion zu:

$$B = \mu_0 \cdot \mu_r \cdot H$$

Verwendet man also Eisen statt Luft, ist die Induktion etwa 2000 mal größer, bei gleicher magnetischer Erregung H wohlgemerkt.

Bei Luft besteht jedoch eine Linearität zwischen B und H, welche bei dem Faktor μ_r nicht mehr gegeben ist, denn dieser ist eine Funktion des verwendeten Materials und der magnetischen Erregung H. Betrachten wir uns einmal eine **Kennlinie** eines typischen Kernmaterials:

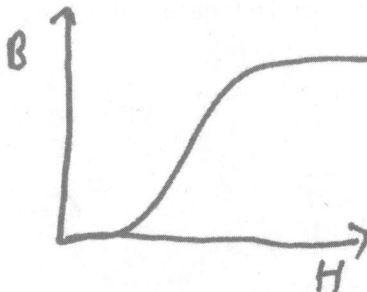

Was passiert hier? Wie wir aus dem Diagramm ersehen, gibt es einen unteren Bereich, in dem sich recht wenig tut, einen mittleren, der relativ linear ansteigt und einen oberen Bereich, bei dem die sogenannte **Sättigungsinduktion** auftritt oder nur einfach Sättigung genannt.

Irgendetwas muss also im Material passieren. Betrachten wir das Material einmal als eine große Ansammlung kleinster Elementarmagnete. Bei geringer Aussteuerung richten sich nur vereinzelt Elementarmagnete aus, während die anderen sich noch widersetzen. Bei zunehmender Aussteuerung erfolgt die Ausrichtung dann kontinuierlich. Irgendwann sind dann auch die zähesten Vertreter alle ausgerichtet. Es tritt Sättigung ein. Ein weiterer Anstieg der magnetischen Erregung H führt praktisch zu keiner nennenswerten Erhöhung der Induktion mehr, da schon alle Elementarmagnete ausgerichtet sind.

Im Wechselfeld bedeutet diese ständige Umpolarisierung einen **Energieaufwand**.

Das Umpolarisieren von Kristallbereichen erfolgt nicht immer gleichmäßig. Manchmal kippt eine größere Anzahl von ihnen gleichzeitig um, was man als »Prasseln« mit geeigneten Mitteln hörbar machen kann.

Die temporären Begrenzungen dieser Kristallbereiche nennt man übrigens **Blochwände**.

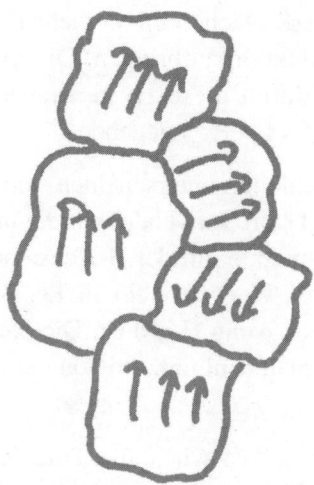

Trägt man die Induktion in Abhängigkeit von der magnetischen Erregung durch einen Wechselstrom in ein Diagramm ein, dann ergibt sich folgendes Bild:

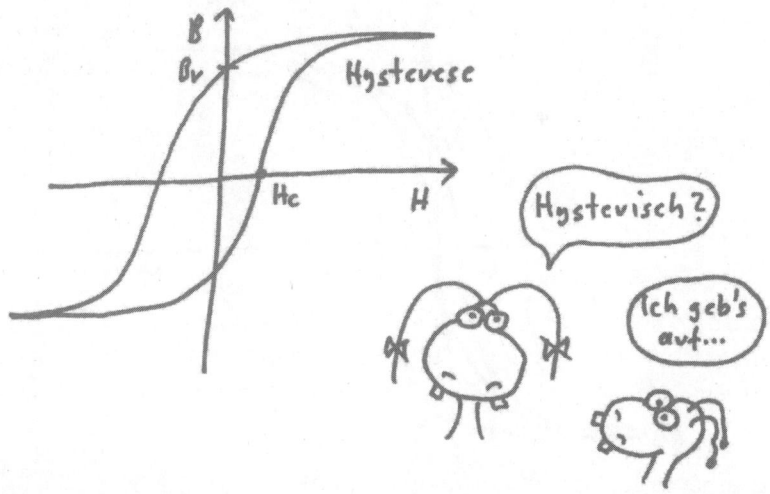

Diese Darstellung nennt man **magnetische Hysterese**. Wir erkennen, dass ein Umlauf (der 50 mal in der Sekunde stattfindet) eine Fläche umschreibt. Diese Fläche ist proportional der sogenannten **Hysterese-**

verluste. Je größer diese Fläche, um so mehr Energie muss das erregende Feld für die Induktion aufbringen. Die Verlustleistungen eines Transformators sind durch diese Hystereseverluste und durch die **Wicklungsverluste** $(P = I^2 \cdot R_{cu})$ gegeben.

Aber auch Hystereseschleifen unterscheiden sich stark voneinander, je nachdem welcher Werkstoff verwendet wurde und wie stark magnetisiert wird. Die Schnittpunkte mit der B-Achse nennt man **Remanenz** B_r, die mit der H-Achse **Koerzitivfeldstärke**. Die Remanenz ist also der »Restmagnetismus«, wenn H = 0 ist. Die **Koerzitivfeldstärke** H_c ist die Feldstärke, die man benötigt, um von der Remanenz wieder auf B = 0 zu kommen.

Man muss hier beachten, dass wir immer eine Schleife betrachten, die mit 50 Hz umläuft. Würde man einen Umlauf mit 1 Hz betrachten, sähe die Hystereseschleife wesentlich schmaler aus und hätte weniger Verluste:

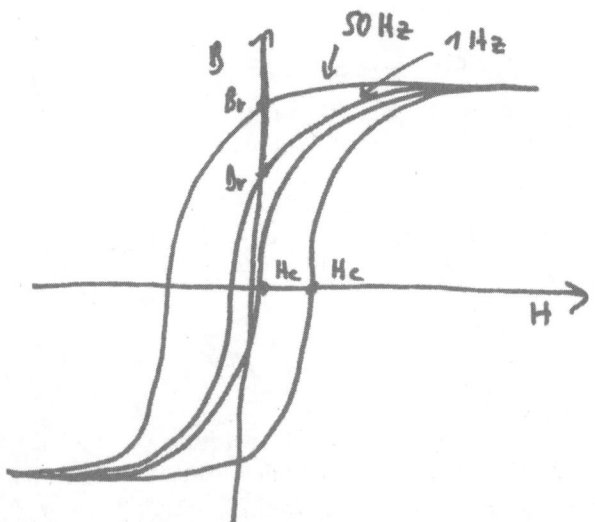

Man beachte, dass die Fläche, B_r und H_c geringer werden, je niedriger die Frequenz ist.

Magnetostriktion

Bei vielen magnetischen Werkstoffen tritt aufgrund dieser ständigen Umpolarisierung auch eine **mechanische Längenänderung** statt, die etwa in der Größenordnung von $1/10^{-5}$ liegt. Man muss sich das so vorstellen, dass wirklich kristalline Bereiche ihre Ausrichtung ändern und dadurch insgesamt die Werkstofflänge verändern. Je nach Werkstoff ist das verschieden stark ausgeprägt.

Man benutzt diesen Effekt beispielsweise um sehr leistungsstarke **Ultraschallwandler** zu bauen, mit denen man »bohren«, schneiden und schweißen kann.

So findet man heutzutage in mancher Zahnarztpraxis Ultraschallbohrer und Schwingschleifer zur Entfernung des harten Zahnbelages, was zu einer deutlichen Schmerzminderung bei den Patienten beiträgt, da sich der mechanische Hub nur im Mikrometerbereich bewegt.

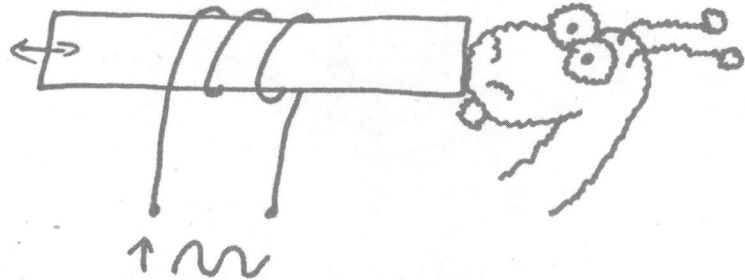

Wirbelstrom

In manchen Küchen gibt es sogenannte **Induktionsöfen**, deren Oberfläche praktisch nicht heiß wird, wenn kein Topf darauf steht. Wie denn das?

Wir kennen elektrische Herdplatten, die so heiß werden, dass sie anfangen zu glühen und Gasherde mit offener Flamme. Desweiteren gibt

es diese Herde mit Platten aus Spezialkeramik, da sich eine glatte Oberfläche leichter reinigen lässt.

Aber sehr heiß werden sie alle.

Wie wir bereits gelernt haben, bewegen magnetische Wechselfelder Elektronen in metallischen Leitern. Lässt man das wechselnde Magnetfeld senkrecht auf eine metallische Fläche einwirken, werden dabei **Ringströme** erzeugt. Diese Ringströme erzeugen wegen des ohm'schen Widerstandes der Metallplatte Wärme. Bei einem Induktionsherd ist diese Metallplatte der Boden eines Topfes. Da dieses Verfahren ohne direkte Berührung auskommt, kann man damit kontaktlos erhitzen.

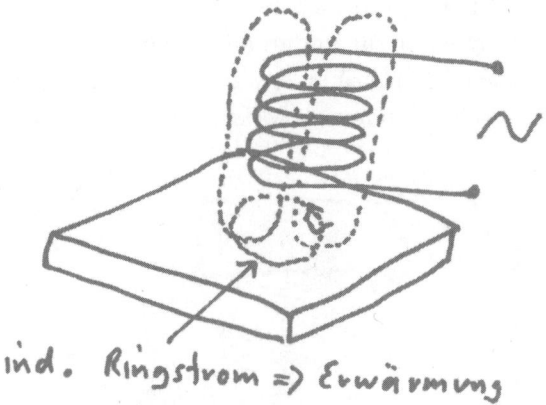

ind. Ringstrom => Erwärmung

Wenn man statt einer Wechselspannung **Strompulse** verwendet, entsteht ebenfalls ein pulsartiges Magnetfeld, das so genannte **Wirbelströme** im Metall induziert. Diese erzeugen nach dem Induktionsgesetz ein Gegenfeld, was sich vom erzeugenden abstößt. Mit diesem Verfahren kann man auf Metalloberflächen **Ultraschallwellen** erzeugen. Diese pflanzen sich mit ihrer metallspezifischen Schallgeschwindigkeit fort und werden auf der anderen Seite wieder reflektiert. Durch die Auswertung der **Laufzeit** kann man die Materialdicke errechnen. Dieses Wirbelstromverfahren wird deswegen zur Materialdickenbestimmung verwendet

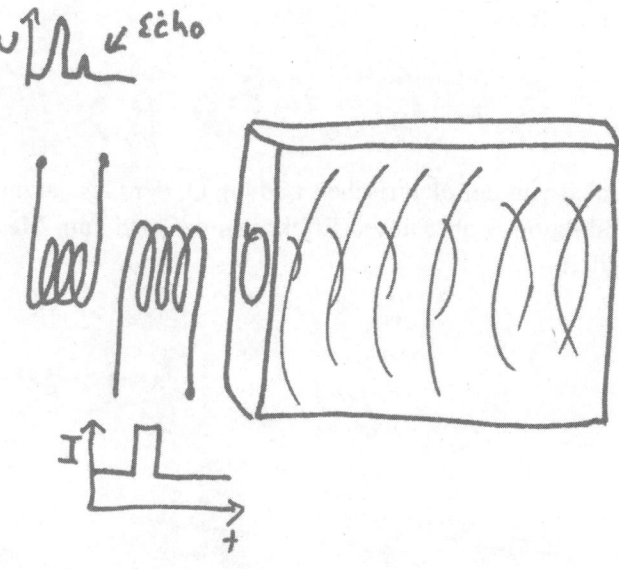

Hallsensor

Wie wir gesehen haben, hängen Magnetfelder und Elektronenfluss untrennbar zusammen. Erzeugen Ströme Magnetfelder, so beeinflussen Magnetfelder umgekehrt Ströme. In einem geraden stromdurchflossenen Leiter der rechtwinklig einem Magnetfeld ausgesetzt ist, wirkt ebenfalls rechtwinklig zum Leiter und dem Magnetfeld die sogenannte **Lorentzkraft** (wieder ein toter Physiker ☺).

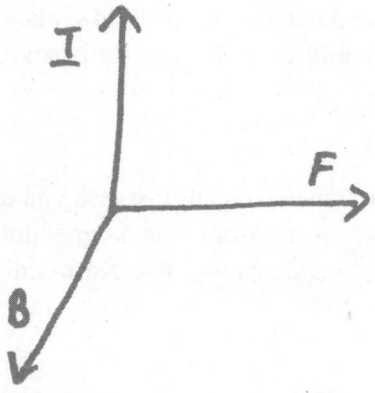

Die Lorentzkraft ist:

$$F_L = Q \cdot (\vec{v} \times \vec{B})$$

Sie hängt also von der elektrischen Ladung Q, der Geschwindigkeit v und der Induktion B ab. Diesen Effekt benutzt man zum Messen von Magnetfeldern:

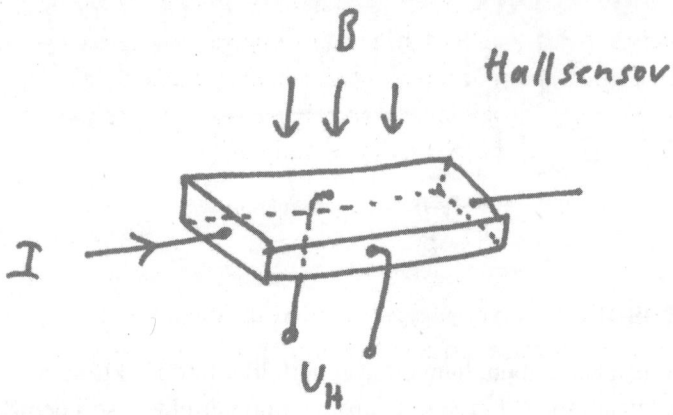

Wenn man einen konstanten Strom durch ein geeignetes Medium schickt, z. B. einen Halbleiter, kann man an dessen Seiten eine dem senkrecht durchdringendem Magnetfeld proportionale Spannung abgreifen. So ein Teil heißt Hallsensor.

Der Strom wird also durch das Magnetfeld seitlich abgelenkt, wodurch seitlich eine Spannung entsteht, die Hallspannung. Die Gleichung hierzu lautet

$U_h = R_h \cdot I \cdot B / d$

Die **Hallspannung** (Querspannung) ist also von einer materialspezifischen Konstante R_h, vom Strom I, von der Induktion B und von der Dicke d des Plättchens abhängig. Die Notwendigkeit einer geringen Dicke für größere Werte der Hallspannung mag vielleicht zunächst verwundern.

Betrachtet man aber die Elektronen als im Raum verteilte (fließende) Ladungen, so wächst die Raumladungsdichte, die letztendlich für die Höhe der **Querspannung** mitverantwortlich ist, je dünner das Material ist. Anders ausgedrückt erreicht man so eine höhere Stromdichte im Material.

Energie und Induktivität

Wir haben bei den Hysteresen gesehen, dass der Flächeninhalt einer Verlustleistung entspricht, d. h. es wird Energie pro Zeit aufgewendet, das Material im Innern mikromechanisch auszurichten. Wir verrichten also Arbeit. Dies Arbeit nennt man Hystereseverluste, weil sie sich letztendlich in unerwünschter Erwärmung des Materials äußert.

Aber auch in einer Luftspule oder einer Spule im Vakuum benötigt man für den Aufbau des Magnetfeldes eine Energie. Diese geht aber nicht als Wärme verloren, sondern induziert ihrerseits **beim Zusammenbrechen** eine neue Spannung. Man benutzt diesen Effekt z. B. bei Kraftfahrzeugen zur Erzeugung der **Zündspannung** für die Zündkerzen.

Das Prinzip ist so einfach wie genial. Über einen **Unterbrecherkontakt** wird die Zündspule mit Gleichstrom gespeist. Es baut sich also ein statisches Magnetfeld auf, das Energie enthält. Unterbricht man die Stromzufuhr, bricht auch das Magnetfeld der Zündspule schlagartig zusammen und erzeugt eine **sehr hohe**, aber auch **sehr kurze Spannung**, den Zündimpuls. Dieser wird dann über den Verteiler an die jeweilige Zündkerze geleitet, um dort das Luft-Benzindampf-Gemisch zu zünden:

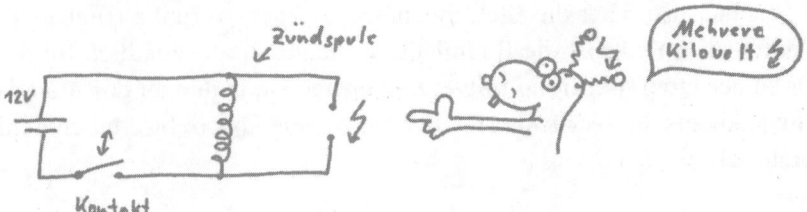

Aus dieser Anwendung folgt, dass der zeitliche Aufbau des Magnetfeldes durch den Strom irgendwie »gebremst« werden muss, schließlich müssen wir ja eine gewisse Zeit eine Gleichspannung anlegen, bis
das Magnetfeld aufgebaut.

Das geht nicht mit einem beliebig kurzen Stromstoß. Wir nennen diesen Effekt Gegeninduktion. Dies ist vergleichbar mit dem mechani-
schen Grundsatz, dass es keine Kraft ohne Gegenkraft geben kann.

Die **Gegeninduktion** kann man dadurch beschreiben, dass eine Spule
sich »wehrt«, beliebig schnell ein Magnetfeld aufzubauen. Man kann
auch schreiben:

$$U_l = L \cdot d_i/d_t$$

Man nennt L die **Induktivität** einer Spule. Die Einheit hierfür ist **Hen-
ry**, wobei **1 H = 1 Vs/A** ist. Schauen wir uns den Zähler an, bemerken
wir dass Vs, also Volt • Sekunde, eine sogenannte **Spannungs-/Zeit-
fläche** ist. Dies erklärt, warum wir mit geringer Spannung ➔ geringer
Stromfluss langsam ein Magnetfeld aufbauen können, das dann später
blitzartig mit hoher Spannung zusammenfällt, um seine Energie abzugeben.

Diese **Energie** können wir jetzt mit der Induktivität bestimmen. Integriert man die Momentanwerte von Strom und Spannung des induzierten elektrischen Feldes auf, erhält man:

$$W_m = \tfrac{1}{2} Li^2$$

Das steckt also an »**Magnetfeldenergie**« in einer stromdurchflossenen Spule und kann wieder freigesetzt werden. Man könnte somit Spulen als **Energiespeicher** benutzen. Das Problem

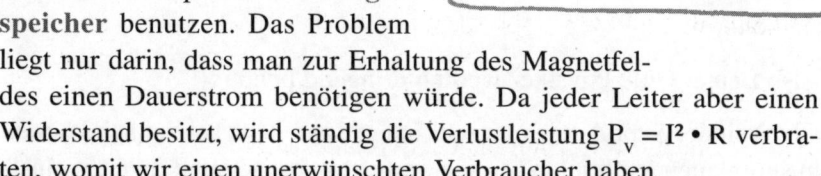

liegt nur darin, dass man zur Erhaltung des Magnetfeldes einen Dauerstrom benötigen würde. Da jeder Leiter aber einen Widerstand besitzt, wird ständig die Verlustleistung $P_v = I^2 \cdot R$ verbraten, womit wir einen unerwünschten Verbraucher haben.

Bestimmte Legierungen besitzen bei tiefen Temperaturen die Fähigkeit der **Supraleitung**, was unser Problem der Energiespeicherung lösen würde, sofern es die Werkstoffforschung eines Tages schafft, diesen Effekt wirklich vollkommen zu verstehen und die **Sprungtemperatur** für den Eintritt der Supraleitung merklich Richtung Zimmertemperatur zu bewegen.

Solange man flüssiges Helium und neuerdings nur flüssigen Stickstoff zur Abkühlung der Supraleiter benötigt, ist das für die Hauselektrik nicht praktikabel ☺.

Sollte dies gelingen, würden sich viele Probleme unserer Energieversorgung lösen lassen. Die Energieverluste allein durch Stromleitungen sind enorm.

Also Leute: Gute Physiker werden dringend benötigt!

Die Welt der Supraleitung ist sehr interessant, denn schließlich können in supraleitenden Spulen Ströme verlustlos kreisen und damit verlustlos Magnetfelder aufbauen und erhalten.

Legt man eine Scheibe aus supraleitendem Material auf einen Magneten, so hebt diese bei Abkühlung unterhalb ihrer Sprungtemperatur ab, so verdrängt der Supraleiter das äußere Magnetfeld und fängt an zu schweben.

Diesen Effekt könnte man für eine verlustlose **Magnetschwebebahn** benutzen, wenn das Problem mit der Kühlung nicht wäre.

Ein anderer Effekt, der bei einem Experiment eines russischen Physikers aufgetreten sein soll, soll eine Änderung der **Gravitation** oberhalb einer rotierenden supraleitenden Scheibe bewirkt haben. Bei solchen Sachen muss man natürlich immer aufpassen, was Dichtung und Wahrheit ist.

Bis jetzt habe ich noch keine Bestätigung eines seriösen Labors im Internet finden können. Entsprechende, spezielle supraleitende Materialien stehen auch nicht im Schullabor rum. Sonst könnte man seinen

Physiklehrer mal motivieren entsprechende Experimente zum Nachweis durchzuführen.

Dieser Effekt würde es aber ermöglichen, fliegende Untertassen Realität werden zu lassen. Physiker werden immer vom kindlichen Wissensdurst angetrieben und eine Prise Naivität ist manchmal hilfreicher als die Ignoranz, die mancher mit seinem Fachwissen begründet. Fortschritte kommen nur durch neue Ideen und Experimente zustande. Keine Wissenschaft hat bisher den Status der Allwissenheit erreicht und das wird wahrscheinlich auch nie passieren, weil wir als Homo Sapiens biologisch nicht dazu geschaffen sind, Sachen wirklich zu »begreifen«, die man nicht anfassen, nicht sehen, nicht hören, nicht riechen kann.

Wir beschreiben unsere Welt mit vereinfachten Modellen, die fast alle irgendwelche Grenzen haben, die aber irgendwo immer mit der Realität kollidieren.

Für mich ist ein Physiker, der sich NUR noch auf etabliertes Wissen beruft und nicht weiterforscht, ein Fall für die Rente.

Es waren immer Außenseiter mit (bezogen auf die jeweilige Zeit) abstrusen Ideen, die die Wissenschaft vorangebracht haben und es waren immer etablierte Wissenschaftler, die sie und ihre Ideen teilweise erbittert bekämpft haben.

Die Wahrscheinlichkeit, dass eine Idee letztendlich zu einer wissenschaftlichen Neuentdeckung führt, ist leider nicht so riesig. Das bedeutet aber nur, dass Physiker möglichst ideenreich sein müssen ☺.

Nochmal zurück zum Magnetismus. Wir haben also die Induktivität als Maß für die Fähigkeit einer Spule Energie zu speichern kennengelernt.

Die Induktivität einer Luftspule beträgt z. B.:

$$L = \mu_0 \cdot N^2 \cdot A / L_m$$

Sie wächst also mit dem Quadrat der Windungszahl und mit der inneren Fläche. Die magnetische Länge wirkt sich hingegen umgekehrt proportional aus. Man muss dazu sagen, dass die Bestimmung der magnetischen Länge bei Luftspulen nicht einfach ist. Sie ist eine gedachte Linie, die den mittleren Weg der Feldlinien darstellen soll und deren räumlicher Verlauf von der **Spulengeometrie** abhängt. Hinzu kommt, dass das innere Magnetfeld, entgegen vielen Lehrbüchern nicht streng homogen ist, sondern nur näherungsweise. Das nur als Tipp für die Praxis.

Mit einfachen Spulen werden auch elektrische Bauelemente realisiert.
So setzt eine Spule einem Wechselstrom einen Widerstand entgegen:

$$X_1 = 2 \cdot Pi \cdot f \cdot L$$

Der induktive Widerstand ist also von der Frequenz abhängig. Man kann Spulen deshalb z. B. für Filter und
Schwingkreise verwenden.

Eine weitere Anwendung von starken Magnetfeldern ist
z. B. eine Magnetschwebebahn, deren sich abstoßenden
Magnetfelder so stark sind, dass sie komplette Waggons abheben
lassen, wodurch kein Reibungswiderstand mehr vorhanden ist und
somit sehr hohe Geschwindigkeiten der Bahn erreicht werden können.

waagerecht

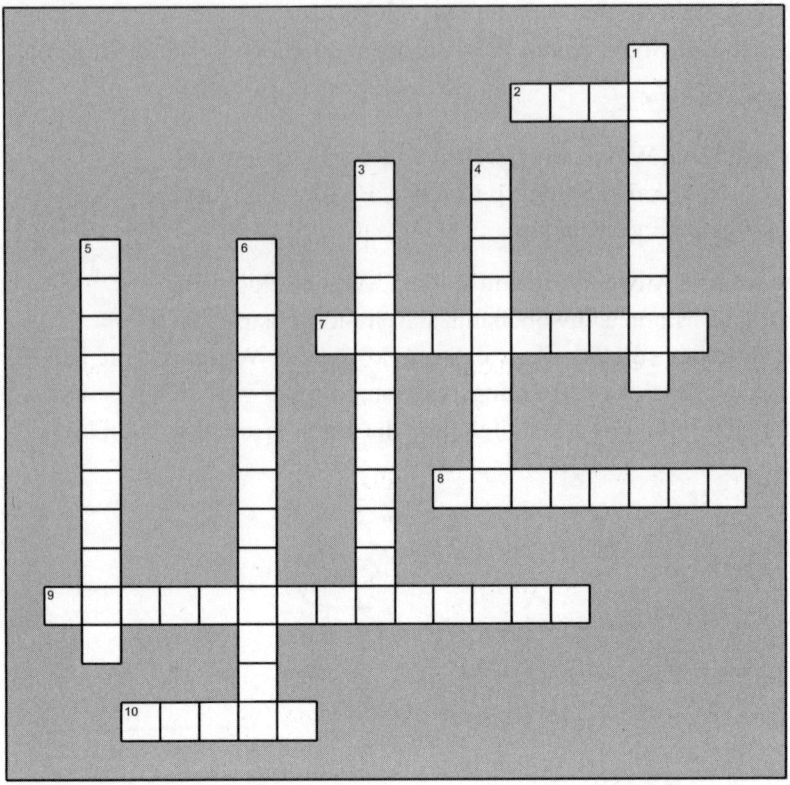

2. Magnetenden
7. Magnetfeldsensor
8. Restmagnetismus
9. magn. "Leitfähigkeit"
10. Einheit der Induktivitaet

senkrecht

1. Stromerzeuger
3. kleiner Dauermagnet
4. Spule im KFZ
5. Verlustloser Leiter
6. Übertrager

Mechanik

Kräfte

Was ist eine **Kraft**? Wenn wir eine Treppe steigen, benötigen wir Kraft und die Schwerkraft ist uns dabei hinderlich. Ein Ball wird mit **Muskelkraft** beschleunigt. Seine Masse begrenzt die uns mögliche Endgeschwindigkeit. Was passiert hier genau?

Wollen wir mit Muskelkraft einen **Höhenunterschied** nach oben überwinden, hindert uns die Schwerkraft. Wollen wir einen Ball mit Muskelkraft möglichst schnell **beschleunigen**, hindert uns seine Trägheitskraft. Zu jeder Kraft gibt es also scheinbar eine **Gegenkraft**. Diese zu überwinden erfordert Kraftaufwand, man muss Energie aufwenden, Kraft • Weg.

Dies ist bei jeder Kraft der Fall. Wäre dem nicht so, könnten wir problemlos extreme Geschwindigkeiten erreichen, mühelos ganze Häuser heben, usw.

Das wäre vielleicht auch nicht immer so gut.

Wenn wir eine Kugel auf einer ebenen Fläche rollen lassen wollen, wie z. B. beim Kegeln, dann müssen wir diese zuerst auf ihre **Endgeschwindigkeit** beschleunigen. Wir benötigen hierzu eine Kraft:

$$F = m \cdot a \ [kg \cdot m/s^2].$$

Die benötigte Kraft ist also umso größer, je schwerer die Kugel ist und je schneller wir sie beschleunigen wollen. Unser Arm kämpft also mit seiner Muskelkraft ge-

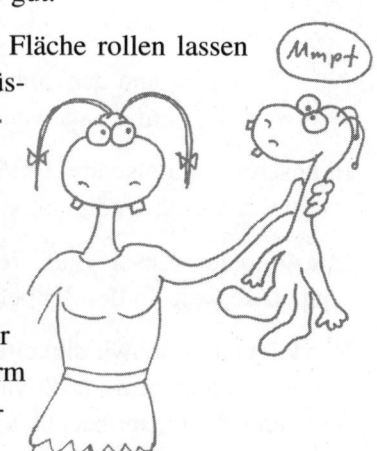

gen diese **Trägheitskraft** der Masse der Kugel an und beschleunigt die Kugel auf ihre Endgeschwindigkeit, mit der sie dann losrollt. Diese Geschwindigkeit nennen wir v mit der Einheit [m/s].

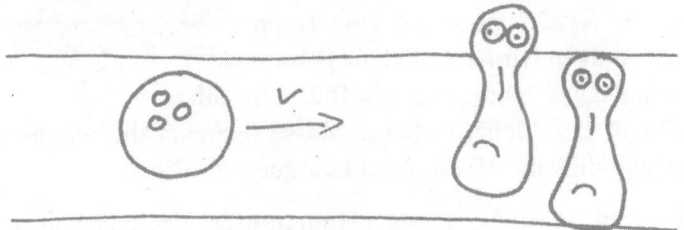

Wäre die Kegelbahn unendlich und absolut eben, würde die Kugel trotzdem irgendwann stehen bleiben. Warum?

Zum einen führen die minimalen **Reibungsverluste** der Kugel zu einer **Bremskraft**, zum anderen bremst der Luftwiderstand, der quadratisch mit der Geschwindigkeit wächst. Vernachlässigt man diese Verluste, so würde die Kugel unendlich lange mit gleichförmiger Geschwindigkeit v rollen, gemessen in Meter/Sekunde [m/s] so wie die Sterne und Planeten durch das Weltall ziehen.

Welchen Weg hat die Kugel zurückgelegt, wenn sie 10 Sekunden lang mit v = 5m/s gerollt ist? Der Weg s ist gleich der Geschwindigkeit v • der verstrichenen Zeit t, also

$$s = v \cdot t \ (m/s \cdot s = m)$$

Tipp: Anhand der Einheiten kann man leicht überprüfen, ob eine Formel richtig angewandt wurde.

In unserem Fall also s = 5 m/s • 10 s = 50 m. Unsere Kugel rollt also mit dieser Geschwindigkeit von 5 m/s in 10 Sekunden 50 m weit.

Mit doppelter Geschwindigkeit käme die Kugel in der gleichen Zeit doppelt so weit. In der doppelten Zeit ebenfalls.

Wir kennen Geschwindigkeiten z. B. von Autos und drücken diese in »Stundenkilometern« aus, was physikalisch nicht korrekt ist, da dies Stunden • Kilometer bedeuten würde, was falsch ist, denn es sind Kilo-

meter **pro** Stunde. Das mag etwas kleinkariert klingen, aber Physik ist nun mal eine exakte Wissenschaft, die Missverständnisse vermeidet, wo immer es geht.

Wenn ein Auto 210 km in 3 Stunden zurücklegt, hat es die mittlere Geschwindigkeit von 210 km/ 3 Stunden, also 70 km/h gehabt.

Wie drückt sich das in m/s aus?

Nun, 210 km/ 3 Stunden sind ja 210000 m / (3 • 3600 s) = 210 m/ (3 • 3,6 s) = 70 m/s / 3,6 = 23,33... m/s. Dadurch, dass eine Stunde 3600 Sekunden hat und 1 Kilometer 1000 m sind, ergibt sich der Umrechnungsfaktor zu 3,6.

Tragen wir die jeweiligen **Momentangeschwindigkeiten** in ein Diagramm ein, so erhalten wir alles andere als eine gleichförmige Geschwindigkeit über die Zeit. Wir erhalten z. B. folgenden Verlauf:

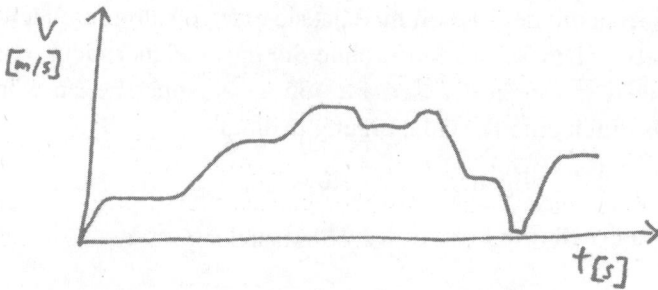

Nur die **Durchschnittsgeschwindigkeit** beträgt hier also 23,33 m/s.
Diese ist aber maßgeblich dafür, wann wir am Ziel ankommen, nicht
die Momentangeschwindigkeit. Es nützt also wenig, 5 Minuten lang
auf einer Autobahn mit 160 km/h zu rasen, wenn man die restlichen 55
Minuten durch eine Tempo 30 Zone schleicht.

Das bringt dann nichts mehr an Zeitgewinn und gefährdet nur andere
Verkehrsteilnehmer. Auch das Drängeln durch zu dichtes Auffahren ist
völliger Blödsinn und steht in keinem Verhältnis zu dem minimalen
Geschwindigkeitsgewinn nach dem Überholen oder erfolgreichem
Nötigen des vorausfahrenden Autos. Spätestens die nächste Ampel
oder Geschwindigkeitsbegrenzung reduziert die Durchschnittsgeschwindigkeit wieder drastisch. Ein solches Verhalten ist gemeinge-
fährlich und pubertär.

Wir haben also die gleichförmige Geschwindigkeit und
die Durchschnittsgeschwindigkeit kennengelernt. Wir haben
in unserem Diagramm aber vernachlässigt, dass Geschwindigkeitsän-
derungen ja nicht plötzlich auftreten, sondern Beschleunigung und
Verzögerung (Bremsen) vorausset-
zen. Das Diagramm dürfte strenggenommen keine Ecken aufweisen,
sondern weiche Übergänge, die die positive bzw. negative Beschleunigung (Bremsen!) repräsentieren.

Beschleunigung, was ist das schon wieder? Gas geben, würdet Ihr
wahrscheinlich sagen. Ausgedrückt durch den kleinen unscheinbaren
Buchstaben a mit der Einheit m/s² hat sie eine gewaltige Bedeutung für
unser Leben. Die Schwerkraft, ohne die unser Planet nicht existieren
würde, weil er wegen der **Erdrotation** auseinanderfliegen würde, ist
ebenfalls durch eine Beschleunigung bedingt.

$F = m \cdot a$ ist die allgemeine Schreibweise,

$F = m \cdot g$ die für die **Gravitationskraft** auf der Erde,

wobei die Konstante g mit 9,81 m/s² als Durchschnittswert bestimmt wurde. Auf dem Mond, der weniger Masse als die Erde hat, ist die **Mondbeschleunigung** nur ungefähr ein Sechstel so groß, weswegen Astronauten auf dem Mond sehr weit springen können, sofern es ihr Raumanzug zulässt.

Im Alltag sind wir es gewohnt, Massen mit dem Gewicht zu verwechseln, da diese Begriffe proportional sind, physikalisch ist da aber ein großer Unterschied vorhanden.

Die Masse von einem Kilogramm wiegt im schwerefreien Raum (Weltall) NICHTS, besitzt aber wohl eine Masse, nämlich eine Trägheit. Dies äußert sich dann, wenn wir versuchen, z. B. eine Rakete weiter zu beschleunigen. Hierzu braucht man immer noch gewaltige Kräfte, die durch den Strahlantrieb zur Verfügung gestellt wird.

Manche meinen, die Rakete würde sich abstoßen, das ist aber falsch. Im Weltall ist nichts da, von dem man sich abstoßen könnte. Die Kraft resultiert aus der starken **Beschleunigung der Gasteilchen** durch chemische Prozesse in den Raketendüsen.

Auch hier gilt: F = m • a, wobei m die Masse der beschleunigten Gasteilchen ist und a deren Beschleunigung, die sehr groß ist, weswegen auch große **Schubkräfte** bei Raketen erzeugt werden, die in der Lage sind, die träge Masse der Rakete in die entgegengesetzte Richtung zu beschleunigen.

Man sollte sich wirklich in Ruhe den Unterschied zwischen Gewicht und Masse klarmachen, weil dies oft verwechselt wird. Gewicht ist immer eine spezielle Eigenart des Planeten auf dem wir uns befinden, das durch seine Gravitation (Schwerkraft) bedingt wird. Man kann sagen, Gewicht ist eine Kraft, Masse ist eine Trägheit.

Beschäftigen wir uns ein bisschen mit der Beschleunigung. In unserem Beispiel vom Kegeln haben wir es auch schon mit einer Beschleuni-

gung zu tun. Wir benötigen etwa 2 Sekunden, um die Kugel von 0 m/s auf ihre Endgeschwindigkeit zu beschleunigen. Sagen wir mal, das wären 5 m/s. Dann haben wir die Kugel mit a = 5 m/s pro 2 Sekunden auf ihre Endgeschwindigkeit gebracht.

$$a = 5 \text{ m/s} / 2 \text{ s} = 2.5 \text{ m/s}^2.$$

Das wäre in unserem Beispiel die Beschleunigung, die unser Arm leisten könnte.

Welche Kraft benötigt unser Arm hierfür? Wir wissen, F = m • a, also beschleunigt unser Arm die Kugel (und sich selbst!) mit einer Kraft von

$$F = (\text{Kugelmasse} + \text{Armmasse}) \bullet 2.5 \text{ m/s}^2$$

Nehmen wir an, die Kugel würde 5 kg wiegen und der Arm 6 kg, dann würde eine Kraft von

$$F = 11 \text{ kg} \bullet 2.5 \text{ m/s}^2 = 27{,}5 \text{ N}$$
(Newton, gesprochen »Njuhtonn«)

notwendig sein, um die Kugel und unseren Arm in 2 Sekunden auf diese Endgeschwindigkeit zu beschleunigen.

N steht übrigens für **Newton**. Wieder mal ein toter Physiker. Physiker werden oft erst nach ihrem Tod berühmt, weil die meisten Menschen etwas länger brauchen, um zu verstehen, was sie uns zu Lebzeiten sagen wollten ☺.

Sir Isaac Newton war übrigens angeblich der, dem ein Apfel auf den Kopf fiel,

was zu verstärktem Nachdenken über das Unwesen der Schwerkraft bei ihm geführt haben soll.

Zurück zu unseren Geschwindigkeiten. Wir kennen solche Angaben von Autos. Da heißt es 100 km/h in 3 Sekunden. Was bedeutet dies physikalisch?

100 km/h sind 100 km/h : 3,6 = 27,77.. m/s Endgeschwindigkeit.

Die Anfangsgeschwindigkeit beträgt 0 m/s. Diese Endgeschwindigkeit wird hier in 3 Sekunden durch einigermaßen gleichförmige Beschleunigung erreicht. Also gilt:

$a = (v_2 - v_1) / t$ **also (27,77..m/s – 0 m/s) / 3 s = 9,26 m/s^2**

Das entspricht also fast der Beschleunigung, die das Auto im freien Fall hätte, denn die **Erdbeschleunigung** beträgt **9,81 m/s^2** in unseren Breiten.

Welche Kraft müssen die Antriebsräder auf den Asphalt ausüben, um ein Auto mit 9,26 m/s^2 zu beschleunigen? Das hängt nun wiederum von der Masse ab. Nehmen wir einmal an, unser Auto würde 1 t wiegen, also 1000 kg. Dann wäre für diese Beschleunigung eine Antriebskraft von

F = m • a = 1000 kg • 9,26 m/s^2 = 9260 N notwendig.

Das ist schon etwas, wenn man bedenkt, dass 1000 kg eine Gewichtskraft von

F = m • g = 1000 kg • 9,81 m/s^2 = 9810 N ausüben.

In unserem Beispiel ist es also fast so, als würde das Auto mit seiner Gewichtskraft in Fahrtrichtung geschoben werden.

Welche Energie (Arbeit) ist eigentlich notwendig, um unser Auto mit 9,26 m/s² auf 100 km/h = 27,22..m/s zu beschleunigen?

Da die Geschwindigkeit linear und der zurückgelegte Weg quadratisch bei **gleichförmiger Beschleunigung** zunehmen, kamen die Physiker auf folgende Zusammenhänge:

$v = a \cdot t$ Die Geschwindigkeit wächst linear mit der Zeit

$s = \frac{1}{2} a \cdot t^2$ Der Weg nimmt mit dem halben Quadrat der benötigten Zeit zu.

Durch Umformen erhalten wir:

$$t = \sqrt{2s/a}$$

Wenn man in ein Diagramm die jeweiligen **Momentangeschwindigkeiten** in Abhängigkeit von der Zeit einträgt, erkennt man, dass $(v_2 - v_1)/(t_2 - t_1)$ jeweils konstant ist, also die Geschwindigkeitsänderung pro Zeiteinheit ist konstant.

Verringert man diese Intervalle auf d_v/d_t erhält man die punktgenaue Momentanbeschleunigung, die in unserem Beispiel aber ebenfalls konstant ist.

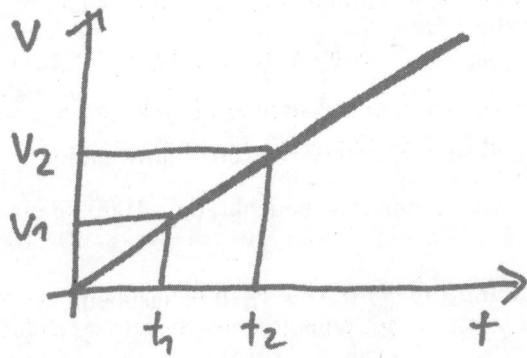

Trägt man hingegen den Weg in **Abhängigkeit von der Zeit** ein, erkennt man die quadratische Zunahme als Funktion der Zeit. Es entsteht eine **Parabel**.

Der Weg s ist also proportional dem Quadrat der benötigten Zeit. Bildest Du den Quotienten aus s/t² ergibt sich ½ a als Proportionalitätsfaktor, deswegen

$s = ½ a \cdot t^2$

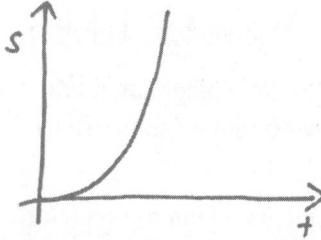

Was hat denn jetzt das Ganze jetzt mit der benötigten Energie zu tun? Je weiter wir beschleunigen, desto mehr Energie werden wir dafür benötigen. Die benötigte Energie steigt also mit dem zurückgelegten Weg an. Wir greifen uns willkürlich den Weg heraus, bei dem das Auto die 100 km/h erreicht hat.

Das war nach 3 Sekunden mit der Beschleunigung von 9, 26 m/s², wenn wir uns recht erinnern. Der zurückgelegte Weg hierfür beträgt

$s = ½ a \cdot t^2$, **also 0,5 · 9,26 m/s² · 9s² = 41,67 m.**

Die Energie, die wir bis dahin benötigen, folgt folgender Formel:

W = F · s, also Energie = Kraft · zurückgelegter Weg

Unsere konstante, zur Beschleunigung aufgewendete Kraft betrug in unserem Beispiel 9260 N. Für 41,67 m zurückgelegten Weg ergibt sich ein Energieaufwand von

W = 9260 N · 41,67 m = 385864,2 Nm entsprechend rund 386 kNm.

Das ist schon ordentlich. Das Schöne an der Physik ist, dass man zwischen den Teilgebieten ein einheitliches System geschaffen hat. Die

mechanische Energie W misst man in Nm (Newtonmeter). Die **Wärmeenergie Q in J (Joule)** und die **elektrische Energie in Ws (Wattsekunden)**. Das hat traditionelle Gründe, aber immerhin:

1 Ws = 1 J = 1 Nm

Damit können wir bequem Energien umrechnen. Unsere 386 kNm sind also 386 kWs.

Da Energie und Leistung folgendermaßen verknüpft sind:

P = W/t also Leistung = Energie/Zeit, gilt für 1s:

P = 386 kWs • 1s = 386 kW entsprechend den veralteten PS: 1 PS = 0.736 kW, d. h. unser Auto müsste mindestens 0,736 • 386 kW = 284 PS haben.

Das würde aber nicht reichen, denn die **Getriebeverluste, Rollwiderstand** und der **Luftwiderstand** erfordern zusätzliche Leistung. Schätzen wir einmal die durchschnittlichen Getriebeverluste und die Verluste durch den Luftwiderstand mit einem zusätzlichen Leistungsbedarf von 120 PS ein, so müsste der Motor rund 400 PS abgeben können.

Man kann die Energie auch mit einer anderen Formel berechnen, wie wir später sehen werden. Jeder Körper mit einer Geschwindigkeit hat **eine kinetische Energie**, die sich aus

$$W = \tfrac{1}{2}\, m \bullet v^2$$

berechnen lässt, also Energie = die halbe Masse • dem Quadrat der Geschwindigkeit. In unserem Fall haben wir mit dem Auto nach 3 Sekunden die Geschwindigkeit von 27,77..m/s erreicht. Das Auto soll 1000 kg gewogen haben. Daraus folgt:

$W = 0,5 \bullet 1000\ \text{kg} \bullet (27,77..\text{m/s})^2 = 386\ \text{kNm} = 386\ \text{kJ} = 386\ \text{kWs}$

Wir haben also richtig gerechnet. Manchmal führen mehrere Wege nach Rom, wie die Lateiner sagten.

Man kann diese Energie auch in einem anderen Beispiel verdeutlichen. Die **Wärmekapazität** von Wasser beträgt 4186 J/kg/K.

Um 1 Liter Wasser von 0 Grad Celsius auf 100 Grad Celsius zu erwärmen, benötigen wir also

$$4.186 \text{ kJ/kg/K} \cdot 1 \text{ kg} \cdot 100 \text{ K} = 418,6 \text{ kJ}$$

von Abweichungen durch Wärmeverluste mal abgesehen. Unser 1000 kg Auto benötigte 386 kJ zur Beschleunigung von 0 auf 100 km/h in 3 Sekunden.

Damit könnten wir

386 kJ / 418,6 kJ pro Liter Wasser = 0,9221 Liter Wasser

in 3 Sekunden zum Kochen bringen! Es ist vielleicht etwas ungewöhnlich, aber die Energie unseres Autos könnte auch

922,1 Milliliter Wasser von 0 auf 100 bringen (Grad Celsius).

Betrachten wir den Kraftstoffverbrauch. Benzin hat einen Heizwert von 45000 kJ/kg (= 45 MJ/kg). Gelänge es, diese Energie vollständig in mechanische Energie umzuwandeln, dann würde unser Auto

386 kJ / 45000 kJ/kg = 8,6 g

verbrauchen. Da der **Wirkungsgrad** bei einem Auto normalerweise bei höchstens 16% liegt (!), benötigen wir 100%/16% = 6,25 mal mehr Benzin, also 6,25 • 8.6 g = 53,6 g. Benzin hat eine Dichte von 0,8 kg/l. Das Auto würde daher für seine Beschleunigung von 0 auf 100 km/h in 3 s 53,6 g/ 0,8 g/ml = 67 ml Benzin verbrauchen. Das mag nach nicht viel klingen, aber das Auto kommt damit ja auch nur unsere 41,67 m weit...

Wir sehen, beschleunigen mit großen PS-Zahlen kostet erheblich an Energie.

Das war jetzt ein Beispiel, das die Zusammenhänge zwischen Kraft, Weg, Zeit, Geschwindigkeit und Beschleunigung im Alltag verdeutlichen soll.

Betrachten wir ein etwas anderes Beispiel aus unserem Alltag. Wir spielen Ball.

Nehmen wir an, wir werfen senkrecht nach unten einen Gummiball so fest es geht auf eine ebene Fläche. Der Ball wird auftreffen, sich **verformen, hochspringen**, langsamer werden, nach unten fallen, sich verformen, nicht mehr ganz so hoch springen, wieder nach unten fallen, usw., bis er nach ein paar **Zyklen** auf dem Boden liegen bleibt.

Was passiert hier physikalisch?

Wir beschleunigen mit unserem Arm den Ball, was uns als Kraftaufwand

$F = m \cdot a$

auffällt. Der Ball erreicht also eine Endgeschwindigkeit, die der kinetischen Energie

$W = \frac{1}{2} \cdot m \cdot v^2$

entspricht (Bewegungsenergie). Durch das Auftreffen auf den Boden verformt er sich, was **innere Reibung** und damit **Erwärmung** des Balls bedeutet. Hier verlieren wir schon deutlich Energie. Da der Ball elastisch ist, stößt er sich vom Boden ab mit einer verringerten Geschwindigkeit, weil ihm jetzt etwas Energie fehlt.

Er besitzt in diesem Moment wieder die Energie $W = \frac{1}{2} mv^2$, wobei v diesmal kleiner ist. Der Ball erreicht eine Endhöhe h. Dies ist eine sogenannte **potentielle Energie**, die man mit

$W = m \cdot g \cdot h$

beschreibt. Würde der Ball 5 m hochspringen und wäre 0,25 kg schwer, hätte er die potentielle Energie von

$W = 0,25 \text{ kg} \cdot 9,81 \text{ m/s}^2 \cdot 5 \text{ m} = 12,26 \text{ Nm.}$

Beim freien Fall beschleunigt er aufgrund der Schwerkraft bis er wieder auf den Boden knallt. In diesem Moment hat er wieder seine größte Geschwindigkeit erreicht und die **kinetische Energie** beträgt wieder $W = 1/2 \ mv^2$.

Diesmal ist die Geschwindigkeit v wegen der **Luftreibung** wieder etwas geringer.

Es folgen weitere Wechsel zwischen kinetischer und potentieller Energie, während die Verluste durch Verformung und Luftwiderstand allmählich die potentielle und kinetische Energie aufbrauchen und in **Wärme** umwandeln. Am Schluss liegt der Ball ruhig auf dem Boden und ist nur etwas wärmer als zuvor.

Wir haben also gelernt, dass es potentielle und kinetische Ener-
gieformen gibt, die sich ineinander umwandeln können und
letztendlich in Wärme umgesetzt werden.

Wir verdeutlichen das noch mal mit
einem Blumentopf, der von einer
Fensterbank aus 7m Höhe zu
Boden fällt. Er sei 2 kg schwer.

Welche potentielle Energie besitzt er und wie groß ist seine
maximale kinetische Ener-
gie kurz vor dem Auf-
prall? Die potentielle
Energie beträgt:

$$W = m \cdot g \cdot h = 2 \text{ kg} \cdot 9,81 \text{ m/s}^2 \cdot 7\text{m} = 137,34 \text{ Nm}$$

Diese Energie ist, von Verlusten durch die Luftreibung einmal abgesehen, vollständig in kinetische Energie kurz vor dem Aufprall umgewandelt.

$$W_{kin} = W_{pot} \rightarrow \tfrac{1}{2}\, m \cdot v^2 = m \cdot g \cdot h = 137,34 \text{ Nm}$$

Stellen wir nach der Geschwindigkeit v um, erhalten wir:

$$V = \sqrt{(2 \cdot g \cdot h)} = \sqrt{(2 \cdot 9,81 \text{ m/s}^2 \cdot 7\text{m})} = 11,72 \text{ m/s}$$

Wie lange hat der Blumentopf gebraucht, um aufzuschlagen?

Wir haben gesehen, dass die Geschwindigkeit linear mit der Beschleunigung und der Zeit zunimmt:

$$v = g \cdot t$$

Daraus folgt

$$t = v/g, \text{ hier also } 11,72 \text{ m/s} / 9,81 \text{ m/s}^2 = 1,19 \text{ s}$$

Das ist nicht gerade lang, wenn man so einem Teil ausweichen müsste.

Addition von Kräften. Bis jetzt haben wir nur die Fälle behandelt, in denen Kräfte in eine Richtung oder entgegengesetzt wirken. Dies ist natürlich nicht immer so.

Nehmen wir mal an, 2 Personen zanken sich, wem eine Mülltonne gehört und wollen sie jeweils von der Straße auf ihr Grundstück ziehen.

Dann könnte eine Momentaufnahme folgendermaßen aussehen:

Die unterschiedlichen Längen der Pfeile stellen die verschiedenen Kräfte der Personen dar. Man nennt diese Darstellung **Vektordarstellung**. Die Länge eines Vektorpfeiles ist der **Betrag eines Wertes** und die **jeweiligen Winkel** dazwischen Stellen die räumliche Richtung der Kräfte dar.

Die resultierende **Gesamtkraft** und deren Richtung ermittelt man einfach geometrisch, indem man ein **Kräfteparallelogramm** auf Rechenpapier zeichnet. So etwas nennt sich dann **Vektoraddition**:

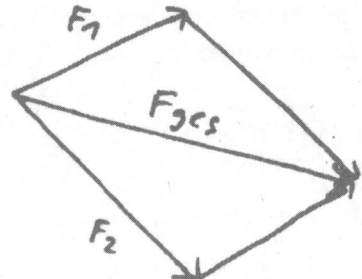

Mit welcher Kraft und in welche Richtung müsste ein Dritter ziehen, damit sich die Tonne nicht bewegt? Wir lösen das Problem wieder geometrisch:

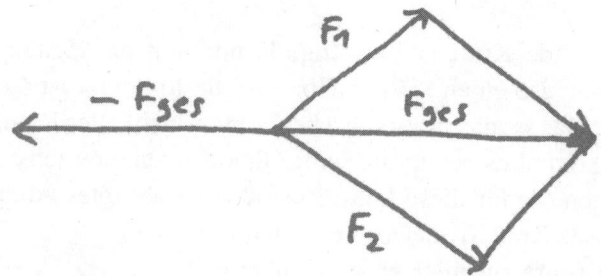

Die 3. Person müsste 180 Grad entgegengesetzt der Kräftesumme der beiden anderen Personen ziehen, damit die Tonne stehen bleibt.

Impuls

Der **Impuls**. Was ist denn das schon wieder? Wenn wir einen Ball fangen, spüren wir eine **freiwerdende Kraft**. Diese Kraft hängt von der Geschwindigkeit des Balles und seiner Masse ab und: Wie »hart« wir ihn aufprallen lassen.

Das Produkt aus Masse und Geschwindigkeit nennt man Impuls:

$p = m \cdot v$

Eine Impulsänderung erfordert entweder Kraft oder sie setzt eine frei, je nachdem ob der Körper beschleunigt oder abgebremst wird. Man drückt das so aus:

F = dp/dt

Die resultierende Kraft ist also Impulsänderung pro Zeiteinheit. Je schneller man also einen Körper abbremst, desto größer ist die auftretende Kraft. Das ist das physikalische Grundprinzip aller Kampfsportarten. Hier kommt es darauf an, seine Gliedmassen möglichst stark zu beschleunigen, damit diese beim Zustoßen (= abruptes Abbremsen) möglichst viel Kraft freisetzen. Eine harte Oberfläche führt zu einer extrem kurzen Abbremszeit und damit zu extremen Kräften, mit der man sogar Ziegel und Holz zertrümmern kann. Das sei nicht zur ungeübten Nachahmung empfohlen! Profis müssen für so etwas Jahre trainieren und ziehen sich oft Verletzungen dabei zu!

Jeder hat schon mal mit Murmeln gespielt und diese auf dem Boden zusammenprallen lassen. Hier gilt der sogenannte Impulssatz:

$p_1 = p_2$ also $m_1 \cdot v_1 = m_2 \cdot v_2$

Stößt eine Murmel mit einer Geschwindigkeit v_1 auf eine gleichgroße Murmel, so bleibt die erste Murmel stehen und die 2. Murmel rollt mit $v_2 = v_1$ davon. Die erste Murmel hat vollständig ihren Impuls übertragen. Dies nennt man elastischen Stoß.

Wenn eine kleinere Kugel eine größere so bewegen soll, dass die kleinere am Schluss ebenfalls liegen bleibt, wird es schwieriger.

Die stoßende Kugel muss wegen

$$m_1 \cdot v_1 = m_2 \cdot v_2 \text{ genau } v_1 = m_2 \cdot v_2 / m_1$$

erfüllen, d. h. die Stossgeschwindigkeit muss also jetzt genau um Faktor m_2/m_1 größer sein, damit die kleine Kugel ihren Impuls komplett an die große Kugel abgeben kann. Dies gilt nur für Körper, die sich beim Stoß nicht deformieren, also die Stoßenergie nicht in innere Reibung und damit Erwärmung wandeln. Hier gelten dann andere Kriterien.

Am besten, ihr spielt mal wieder mit verschieden schweren Murmeln auf dem Fußboden. Wenn Euch dann jemand fragt, was Ihr da macht, sagt Ihr einfach: »Physik! Experimentelle Überprüfung des Impulssatzes«

Das Gleiche gilt übrigens auch beim Billard.

Jeder kennt sicher die spektakulären Crashtests bei denen z. B. Auto-modelle auf ihre Sicherheit bei Unfällen untersucht werden.

Die Autos werden gegen eine Betonwand katapultiert, wobei sich de-ren kinetische Energie fast komplett in **Verformungsarbeit** und damit **Wärme** umwandelt.

Wie groß sind eigentlich diese so gewandelte Energien?

Nehmen wir ein Auto mit 25 km/h und eines mit 100 km/h. Sie haben also physikalisch die Geschwindigkeiten

25000 m/3600 s = 6,944 m/s und 100000 m/3600 s = 27,78 m/s

Das 2. Auto ist also viermal so schnell. Beide Autos sollen 1000 kg wiegen.

Das erste Auto hat die kinetische Energie nach $W = 1/2\ mv^2$ von

24,1 kNm, das zweite 385,8 kNm.

Es wird hier die 16-fache Energie als Verformungsarbeit frei!

Dies betrifft auch die Insassen...

Kraftspiele

Jetzt haben wir soviel von Kräften gehört, doch wie können wir diese am einfachsten messen? Physiker benutzen für einfache Experimente **Federwaagen**. Das ist einfach eine in einem Röhrchen geführte Spiralfeder mit angeklemmten Zeiger und Haken.

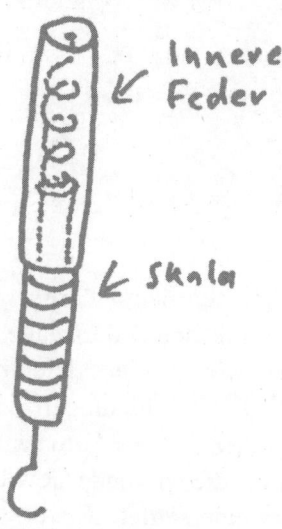

Hängt man dort eine bekannte Masse dran, z. B. 1 kg, dann zieht sich die Feder etwas heraus und man kann auf das Röhrchen folgenden Wert schreiben:

F = m • g ➜ 1 kg • 9,81 m/s² = 9,81 N

Das ist natürlich kein schöner Skalenwert, 10 wäre schöner. Hierzu fehlen uns aber 19 % an **Gewichtskraft**, so dass wir dem Kilo noch 190 g zugeben. Dann entspricht unsere Markierung genau 10 N. Ist doch fein, oder?

Jetzt können wir von der Ruheposition bis zu unserer Markierung eine Zehnerteilung auftragen, denn die so genannte **Federkonstante D** ist bis zur Überdehnung der Feder ziemlich linear.

$$F = D \cdot s$$

Wobei D in N/m bei einer Feder angegeben wird. So eine Federwaage funktioniert natürlich nicht nur mit Gewichten, sondern in jeder Richtung.

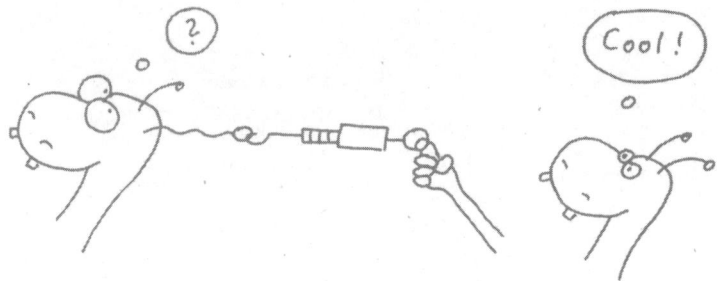

Spielen wir mal ein bisschen damit herum. Wir nehmen ein Spielzeugauto und ziehen es mit der Federwaage über eine glatte, ebene Fläche. Wir sehen, dass wir für eine gleichmäßige Geschwindigkeit fast keine Kraft benötigen. Beschleunigen wir das Auto, dann brauchen wir mehr Kraft. Ziehen wir das Auto senkrecht bis zum Abheben noch oben, dann sehen wir die wirkende Gewichtskraft. Ziehen wir das Auto auf seinen Rädern eine **schiefe Ebene** hinauf, dann bekommen wir einen Wert, der niedriger als der vom Abheben ist, aber deutlich größer als beim Ziehen über die Ebene ist. Ziehen wir das Auto über einen Teppichboden stellen wir fest, dass wir deutlich mehr Kraft brauchen, weil das Auto **Reibungskräften** ausgesetzt ist.

Wir können also mit unserer Federwaage sehr komfortabel Kräfte messen und vergleichen. Befestigen wir mal eine Rolle wie folgt und messen die Kraft, die notwendig ist, das Gewicht am Seil zu heben:

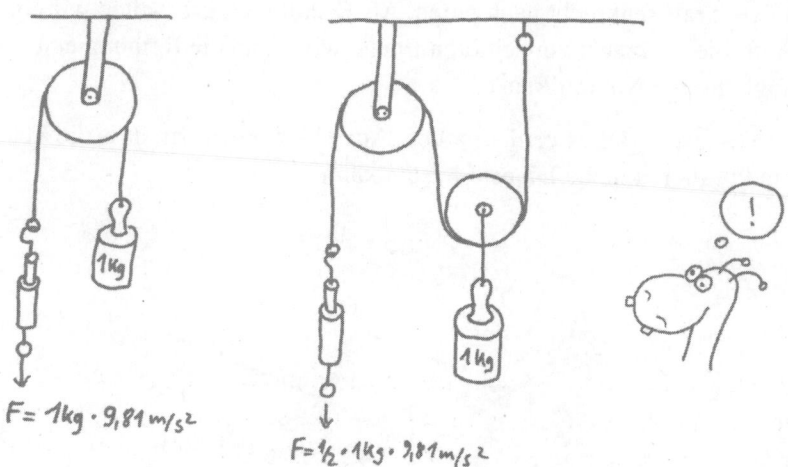

$$F = 1 kg \cdot 9,81 m/s^2$$

$$F = \tfrac{1}{2} \cdot 1 kg \cdot 9,81 m/s^2$$

Wir werden feststellen, dass diese Zugkraft der Gewichtskraft der Last entspricht.

Die Kraftrichtung wird aber umgelenkt. Fügen wir dagegen noch eine lose Rolle ein und befestigen dort unser Gewicht, stellen wir fest, dass wir nur noch die halbe Kraft zum Hochziehen benötigen, dafür aber den doppelten Weg zurücklegen müssen (Seillänge).

Wir haben ja gelernt, dass Kraft mal Weg einer Energie entspricht, wir verrichten also Arbeit. Wenn der Weg doppelt so lang, dafür die aufgewendete Kraft nur halb so groß ist, dann ist die Arbeit die gleiche. Solche Vorrichtungen nennt man **Flaschenzüge**. Diese dienen der Verringerung des Kraftaufwandes beim Heben schwerer Lasten. Schon Archimedes soll diese erfunden und angewendet haben.

Kehren wir noch mal zu unserem Modellauto und der schiefen Ebene zurück.

Wir ersetzen das Auto durch einen Klotz und überlegen uns einmal, welche Kräfte wohl auf ihn wirken. Einerseits hat er die Tendenz die schiefe Ebene hinunter zu rutschen, was die Reibung verhindert, solange der Steigungswinkel nicht zu groß wird, andererseits zieht die Schwerkraft senkrecht nach unten. Als Resultierende erhalten wir eine Kraft, die senkrecht zur schiefen Ebene wirkt und die Reibung erst ermöglicht, die **Normalkraft**.

Eine Skizze soll dies verdeutlichen. Auch hier sehen wir, dass die Vektoraddition nützliche Dienste leisten kann:

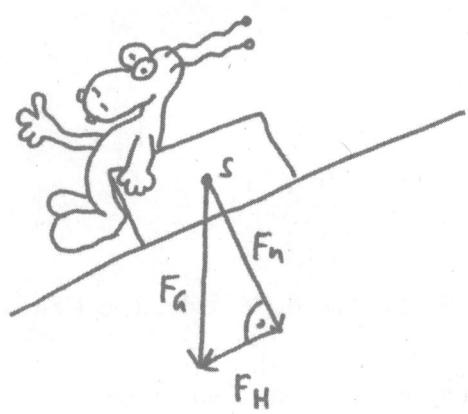

Der Mensch hat schon immer versucht, für ihn eigentlich zu schwere Sachen zu bewegen. Wir alle kennen **Wippen** auf Spielplätzen. Setzt sich ein deutlich schwereres Kind mit einem leichten Kind darauf, wird das schwerere Kind am Boden bleiben. Rutscht das schwerere Kind jedoch weiter zur Mitte, dann tritt irgendwann ein **Gleichgewicht** auf und das leichtere Kind hebt das schwerere hoch. Allerdings legt das leichtere Kind einen **größeren Weg** hierfür zurück als das schwerere.

Das ist die so genannte **Hebelwirkung**. Durch die Wahl des Dreh-punktes kann man mit einer Hebelstange fast beliebige Kräfte ausüben.

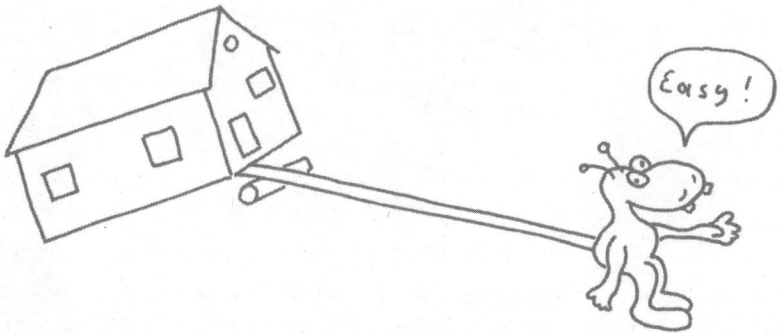

Nach dem gleichen Prinzip funktionieren Zangen. Je unterschiedlicher die Entfernungen vom Drehpunkt sind, umso stärker ist die Hebelwir-kung (ausgeübte Kraft).

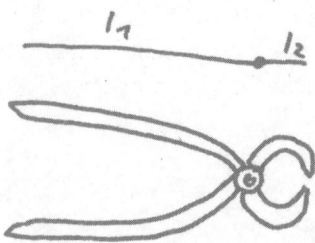

Ein ähnliches Prinzip wird bei **Getrieben** verwendet. Hier greifen unterschiedlich große Zahnräder ineinander, die dadurch pro Umdrehung unterschiedliche Wege zurücklegen, weil der **Umfang** unterschiedlich ist. Damit kann man z. B. untersetzen, um **große Kräfte bei langsameren Umdrehungen** zu erzeugen oder übersetzen, um **schnelle Umdrehungen bei kleinen Kräften** zu erzeugen.

Getriebe werden in Fahrzeugen jeder Art und vielen technischen Maschinen eingesetzt. Gangschaltungen von Fahrrädern sind übrigens auch Getriebe.

Bei Getrieben taucht das Hebelgesetz in einer etwas anderen Form auf. Da wir es hier mit Radien und Umdrehungen zu tun haben, wird das **Drehmoment** zur Beschreibung dieser Vorgänge benutzt.

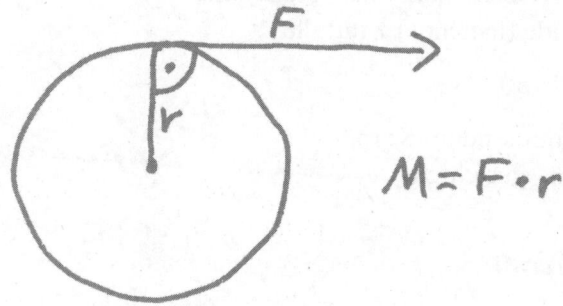

Bei einem Rad wirkt eine Kraft am äußeren Rand, die senkrecht zum Radius steht und bewirkt eine Drehung um die Achse.

$M = F \cdot r$ also Drehmoment $\doteq$ Kraft $\bullet$ Radius

wobei in diesem Fall beide **senkrecht** zueinander stehen müssen.

Sich bewegende Körper haben interessante Eigenschaften. Versucht man z. B. ein Fahrrad um eine Kurve zu lenken, so merkt man, dass es eigentlich geradeaus fahren will. Man muss eine Kraft aufwenden, um gegen die sogenannten **Fliehkräfte** zu wirken. Wir müssen uns dafür sogar in die Kurve legen, damit wir nicht umfallen.

Zwingen wir einen Ball an einem Seil durch Herumschleudern auf eine Kreisbahn und lassen das Seil an geeigneter Stelle los, so fliegt der Ball mit dem Seil davon.

Im Sportunterricht benutzt man manchmal so genannte Schleuderbälle mit denen man solche Sachen machen kann. Auch Diskuswerfen funktioniert nach diesem Prinzip.

Manche unbeliebte Lehrkräfte sollen dabei gefährlich leben, deswegen wird das wohl nicht so oft gemacht ☺.

Was passiert hier aber? Der Ball versucht seine bisherige Flugrichtung beizubehalten. Jeder Versuch, ihn davon abzulenken, erfordert eine Kraft.

Auf einer Kreisbahn nennt man diese nach innen ziehende (haltende) Kraft die

Zentripetalkraft

Die vom rotierenden Körper nach außen gerichtete Fliehkraft

Zentrifugalkraft

Setzen wir einmal $F = m \cdot a$ an, also Kraft = Masse mal Beschleunigung bedeutet dies, dass unser Körper beschleunigt werden muss, damit eine Kraftwirkung auftreten kann. Der Körper wird sicherlich von seiner gerade Flugbahn auf eine Kreisbahn gezwungen, aber er ändert doch nicht seine **Bahngeschwindigkeit** oder doch?

Mit der Beschleunigung kann es schon merkwürdig werden. Wir stehen z. B. auf der Erde und erfahren die Gewichtskraft $F = mg$. g ist ebenfalls eine Beschleunigung, aber wir bewegen uns deswegen nicht einmal vom Fleck. In diesem Fall ist die Erdbeschleunigung nicht mit einfachen Mitteln klassisch zu erklären. Hier müssen wir zu Einstein und seiner Relativitätstheorie wechseln, in der Gravitation als Folge der Krümmung des Raumzeitkontinuums interpretiert wird, was für uns an dieser Stelle nicht unbedingt hilfreich ist.

Die Beschleunigung des Körpers in der Kreisbahn ohne die Bahnge-schwindigkeit zu verändern kann man dagegen noch klassisch dadurch erklären, dass der herumgeschleuderte Körper ständig eine **Geschwin-digkeitsänderung in Bezug auf die Richtung erfährt (Vektor!)**. Er fliegt praktisch ständig in eine neue Richtung, was man als Beschleu-nigung zum Mittelpunkt betrachten kann, die sogenannte **Radialbe-schleunigung**. Man beachte, dass sich die Beträge der Kräfte nicht än-dern, wohl aber ständig die Winkel. Auch das ist eine Beschleunigung!

Die **Zentripetalkraft** kann man folgendermaßen ausdrücken:

$$F = m \cdot v^2/r = m \cdot \omega^2 \cdot r$$

Sie hängt also linear von der **Masse** und dem **Radius** ab und quadra-tisch von der **Winkelgeschwindigkeit** (2 • Pi • Drehzahl). Da sie qua-dratisch mit der Winkelgeschwindigkeit wächst, sind schnell rotieren-de Körper wie Hubschrauberflügel, Propeller, etc. extremen Kräften ausgesetzt und müssen entsprechend dimensioniert werden.

In Chemielaboratorien und in der Technik nutzt man die Zentrifugal-kraft um Stoffe zu trennen. Solche Maschinen nennt man **Zentrifugen**. Durch das Herumschleudern von Stoffgemischen auf einer Kreisbahn

wird eine Art künstliche Schwerkraft geschaffen, die zum Abscheiden der schwereren Bestandteile am äußeren Radius führt.

Man will diesen Effekt auch bei künftigen Raumstationen nutzen, die als großer langsam rotierender Ring aufgebaut sind, damit die Astronauten »auf dem Boden« bleiben. Besteht kein Sichtkontakt zum Weltraum entsteht der Eindruck echter Schwerkraft.

Einen weiteren seltsamen Effekt von bewegten Körpern sieht man an Flussufern oder beim Beobachten von Wasserwirbeln beim Ablassen von Badewasser.

Letztere rotieren auf der Nordhalbkugel genau entgegengesetzt wie auf der Südhalbkugel unserer Erde. An Flussufern sieht man oft, dass das eine Ufer mehr ausgewaschen ist als das andere. Was ist hier los?

Wir befinden uns auf der Erde, die in 24 Stunden einmal um ihre eigene Achse rotiert und ziemlich kugelförmig ist. Bewegen wir uns von einem Pol in Richtung Äquator vergrößern wir damit unseren Radius zur Erdachse. Am Pol stehen wir direkt auf der Achse, am Äquator sind wir am weitesten davon entfernt.

Da wir wissen, dass die Zentrifugalkraft vom Radius abhängt und wir eine eigene Masse haben, setzen wir dieser zusätzlichen seitlichen Beschleunigung unsere

Trägheit entgegen, was zu einer Kraft führen muss. Wir würden sie wohl Ablenkung oder so nennen. Letztendlich bewegen wir uns deswegen nicht mehr geradlinig Richtung Äquator, sondern auf einer gekrümmten Linie.

Man nennt diese Kraft **Corioliskraft**. Sie ist auch für die Vorzugsrichtung von Wasserwirbeln verantwort-

lich, da auch eine ebene Wasseroberfläche **keinen gleichmäßigen Abstand von der Erdachse hat.**

Eine weitere Kuriosität ist die Erhaltung des **Drehimpulses.** Jeder kennt die graziösen Eiskunstläufer, die Pirouetten auf dem Eis drehen. Sie drehen sich mit gestreckten Armen und einem gestreckten Bein erst recht langsam, um sich dann wie von Geisterhand schneller zu drehen, wenn sie Arme und Beine an den Körper ziehen.

Denken wir uns einmal 2 Kugeln, die an zwei verstellbaren Stäben um einen Mittelpunkt kreisen. Ziehen wir während der Drehung die Kugeln radial nach innen, so werden sie sich schneller drehen. Was passiert hier?

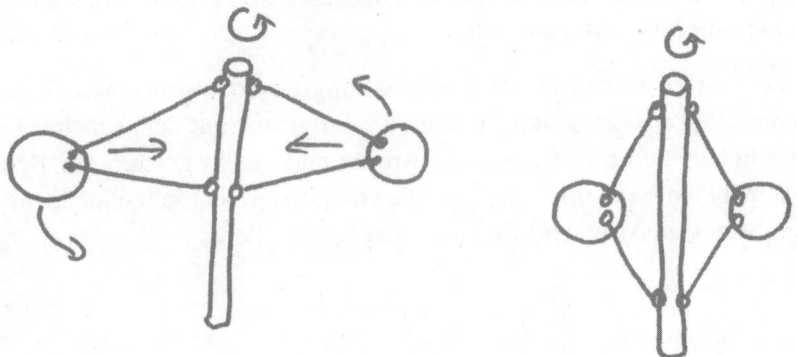

Eine sich bewegende Masse hat einen Impuls. Eine sich auf einer Kreisbahn bewegende Masse hat einen sogenannten **Drehimpuls L**, der als Vektorprodukt aus dem Impuls und dem Radius definiert ist:

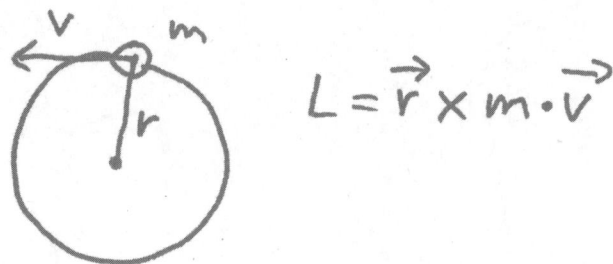

$$L = \vec{r} \times m \cdot \vec{v}$$

Da der Drehimpuls und die Massen beim Zurückziehen der Kugeln erhalten bleiben, muss sich die **Umfangsgeschwindigkeit** vergrößern, wenn sich der Radius durch Heranziehen der Kugeln verkleinert, wie aus der Formel ersichtlich ist.

$L_1 = L_2$ ➜ $r_1 \times v_1 \cdot m = r_2 \times v_2 \cdot m$ ➜ $r_1/r_2 = v_1/v_2$

Drehimpulse begegnen uns sehr oft, ohne dass wir uns dessen bewusst sind.

Ein rotierendes Rad besitzt einen Drehimpuls. Nimmt man ein stillstehendes Rad an den Achsenden, kann man es ohne Probleme in alle Richtungen bewegen.

Probiert man es mit einem rotierendem Rad, sieht die Sache ganz anders aus.

Man kann die Achse nicht kippen. Das rotierende Rad fängt an zu **taumeln** und setzt Veränderungen der Drehachse erheblichen Widerstand entgegen.

Interessanterweise können wir aber das rotierende Rad sowohl in Achsrichtung als auch 90 Grad hierzu problemlos bewegen. In diesen Fällen findet auch kein Versuch statt, den Drehimpuls zu verändern. Ein **Kreisel** verhält sich übrigens genauso wie unser rotierendes Rad.

Durch die **Erhaltung des Drehimpulses** und die damit verbundene **stabilisierende Wirkung** können wir überhaupt erst Fahrradfahren, ohne das Gleichgewicht zu verlieren.

Jeder Planet, der sich um seine eigene Achse dreht, hat einen gewaltigen Drehimpuls, Sonnen und ganze Galaxien ebenfalls. Im Mikrokosmos haben fast alle Teilchen wie Elektronen, Neutronen, Protonen etc. einen Drehimpuls (Spin).

Eigentlich ist der Drehimpuls eine sehr seltsame Geschichte, denn man kann ihn auch mal etwas anders betrachten. Stecken wir unser rotierendes Rad doch mal in eine große schwarze Kiste, so dass es weiter rotiert und nicht darin herumfallen kann. Deckel zu und einem Fremden in die Hand drücken.

Der wird sich sehr wundern, was diese Blackbox für ein seltsames Eigenleben entwickelt, wenn der die Kiste bewegen will. Er wird den Eindruck bekommen, dass sie irgendwie mit dem Raum verbunden zu sein scheint, denn wenn er sie in die Luft hält, widersetzt sie sich bei manchen Bewegungen massiv und wackelt herum.

Man benutzt die Erhaltung des Drehimpulses auch heute noch in der Navigation in Form eines **Kreiselkompasses**. Im Prinzip ist das ein gut gelagerter Kreisel, der lageunabhängig seine eigene Position im Raum hält.

Dadurch hat man immer einen festen Bezug, egal wie ein Schiff oder Flugzeug sich bewegt.

waagerecht

4. Kraftmesser
6. Energieeinheit
7. Kraft senkr. z. Oberfläche
8. Kraft * Geschwindigkeit
9. Weg pro Zeit
10. Energieeinheit
11. Masseeigenschaft
12. Drehimpulsgerät

senkrecht

1. Krafteinheit
2. Kraft * Radius
3. Folge d. Radialbeschleunigung
5. Energieeinheit

Quantentheorie

Quantentheorie und die Folgen

Quantentheorie in einem Buch, das eine Einführung in die Physik geben will?

Keine Angst, hier geht es nur darum, einige seltsame aber reale Phänomene der Natur zu beschreiben, die unserem logischen Denken widerstreben. Dies ist wahrscheinlich auch der Grund, warum die Quantentheorie selten im Physikunterricht behandelt wird, denn sie erschüttert die Grundfeste der klassischen Physik bis Newton und auch der relativistischen seit Einstein.

Genauer gesagt, wird die deterministische Denkweise dieser Theorien angeknabbert, nicht deren Resultate, die unzweifelhaft richtig sind.

Deterministisch bedeutet in etwa eine Vorherbestimmtheit aufgrund von Naturgesetzen, eine grundsätzliche Bestimmbarkeit aufgrund **kausaler Zusammenhänge**, wie z. B. Wirkung und Ursache. Im Grunde genommen wird unsere alltägliche Denkweise in die Physik übernommen, dass alles irgendwie erklärbar ist, wenn man nur lange und intensiv die **Ursachen** sucht. Man könnte den Physiker mit einem Arzt vergleichen, der einen Patienten untersucht und versucht, die Ursachen seiner Erkrankung zu finden.

Diese Denkweise ist soweit nichts Ungewöhnliches, gäbe es im Reich des Mikrokosmos nicht einige sehr merkwürdige Dinge.

Aber fangen wir mit dem Begriff »**Quant**« einmal an. Den Begriff »**Lichtquant**« haben wir sicherlich schon einmal gehört. Quantisieren bedeutet etwas in kleine Teile zu zerlegen. Ein Quant ist also einfach eine kleine Einheit, die nicht weiter unterteilbar ist. Im Falle des Lichtquants (Photon)·ist seine Energie

$$W = h \cdot f$$

also Planck'sches Wirkungsquantum • Frequenz. Das Lichtquant hat eine **Energie** und damit auch eine Masse nach Einstein's

$$E = m \cdot c^2, \text{ von } m = E/c^2.$$

Das Planck'sche Wirkungsquantum ist eine Naturkonstante der Größe

$$6,626 \cdot 10^{-34} \text{ Js}$$

Js bedeutet Energie • Zeit, was man als »**Wirkung**« beschreiben könnte.

Ein Lichtquant besitzt **keine Ruhemasse** und kann ausschließlich mit Lichtgeschwindigkeit rumdüsen, dann hat es aber eine Masse. Ist schon komisch, oder? Da Licht eine Masse hat, hat es einen **Impuls**, den man auch messen kann.

Licht ist also so was wie eine kleine, extrem schnelle Masse mit dem Impuls:

p = h/l wobei l die Wellenlänge ist.

Das entspricht auch schön unserer Vorstellung von so kleinen, extrem schnellen Bällchen, die ähnlich wie heiße Gasmoleküle durch die Gegend rasen, aber viel, sehr viel schneller.

So weit, so gut, aber wir wissen auch, dass Licht eine **elektromagnetische Welle** ist. Überlagert man das Licht eines Lasers mittels Spiegeln, so entstehen Interferenzmuster, d. h. dunkle Stellen im Strahl entstehen dort, wo sich die Wellen aufgrund ihrer **Phasenlage** auslöschen. Da die Wellenlänge von Licht sehr kurz ist, kann man solche Methoden für hochgenaue **Distanzmessungen** benutzen, da die Lage der Auslöschungen vom zurückgelegten Weg abhängt.

Solche Geräte nennt man dann **Laserinterferometer**. Zur Auswertung benötigt man Kenntnis über die Wellenlänge. Diese beträgt bei Licht, wie bei jeder elektromagnetischen Welle auch:

l = c/f

Was ist denn jetzt richtig? Ist Licht ein Teilchen oder eine Welle, beides kann doch »normalerweise« nicht sein? Man nennt diesen Widerspruch

»Welle-Teilchen-Dualismus«

Beides ist real, das Problem muss in unseren Köpfen liegen. Unsere Vorstellungsweise ist offenbar verkehrt, sofern wir an der traditionellen Logik festhalten.

Aber es kommt noch besser. Versucht man so z. B. ein Lichtquant möglichst genau zu lokalisieren und gleichzeitig seinen Impuls (Masse • Geschwindigkeit) zu messen, so stellt sich heraus, dass das nicht beliebig genau geht und zwar prinzipiell nicht, egal welchen Messaufwand man treibt oder sich ausdenkt!

Man kann dies so ausdrücken:

dx • dp >= h/(4Pi)

Das bedeutet, es ist GRUNDSÄTZLICH unmöglich, den **Ort** und den **Impuls** eines Teilchens genauer zu bestimmen, als das **Planck'sche Wirkungsquantum** uns dies erlaubt. Dies kann man mathematisch aus der Wellennatur von Teilchen herleiten. Man nennt diesen Zusammenhang **Heisenberg'sche Unschärferelation.**

Es kommt noch besser. Dies ist nicht nur bei Licht so, es ist bei allen Objekten der Fall. Deutlich wird er besonders, wenn wir in die Größenordnung von h kommen und das ist z. B. bei atomaren und subatomaren Teilchen der Fall. Hier wird es richtig merkwürdig. Aufgrund der Heisenberg'schen Unschärferelation sind dann Teilchen nicht mehr real existent an einem bestimmten Ort, sondern bilden eine »Raumzeit-Wahrscheinlichkeitswelle«, sie sind quasi gleichzeitig überall, aber trotzdem mit einer definierbaren statistischen Wahrscheinlichkeit bezogen auf den Aufenthaltsort.

In diesen Größenordnungen wird also die **Statistik** bemüht, um die **Wahrscheinlichkeit** zu berechnen, wo sich z. B. ein Elektron gerade aufhalten könnte.

Atome werden so z. B. als eine **Wahrscheinlichkeitsverteilung** von Teilchen dargestellt. So besteht dann z. B. eine sehr geringe Wahrscheinlichkeit, dass ein Teilchen an einem **ganz anderen Ort** auftaucht, als man es erwarten würde. Aber es tut es, was in der klassischen Physik nicht erklärbar ist. So z. B. beim sogenannten »Tunneln«, bei dem Teilchen Barrieren überwinden (durchtunneln), die normalerweise für sie undurchdringlich sind. Sie tun dies einfach mit einer gewissen Wahrscheinlichkeit!

Der **Zufall** hat Einzug in die Physik gehalten als Planck'sches Wirkungsquantum.

Diese Naturkonstante bestimmt praktisch eine Art Variationsgrad von allem was wir kennen.

Eine weitere Tatsache ist, dass in der Quantenphysik ein Ergebnis eines Experiments nicht mehr unabhängig vom **Betrachter** erfolgt. Dadurch, dass er durch seine Experimente einen Zustand bestimmen will, wird die Quantenwelt dazu gezwungen, »Farbe zu bekennen«. Dieser Effekt wird bei der sogenannten Quantenverschränkung bzw. auch Quantenkorrelation beobachtet.

Man fühlt sich an ein zwei verdeckte Spielkarten erinnert, von denen man weiß, dass die eine eine Dame und die andere ein König ist. Es ist klar, wenn ich eine aufdecke, dass ich weiß, was die andere sein muss. Das ist binäre Logik.

In der Quantenphysik ist es aber anders: Die Karten haben noch gar kein Motiv, bevor wir eine anschauen. Genau in diesem Moment legt sich die Natur erst fest und zeichnet eine Dame und einen König als Vergleich...

Man könnte interpretieren, dass dies vielleicht aufgrund einer räumlichen Nähe durch irgendeine Kopplung passieren könnte. Meines Wissens gibt es aber einen experimentellen Nachweis, dass 2 Teilchen sich **gleichzeitig** komplementär entwickeln bei einem gemessenen Abstand von 10 Kilometern. Theoretisch kann der Abstand **unbegrenzt** sein, also z. B. quer durch's Weltall...

Man sollte sich einmal klarmachen, dass unsere Welt nur in dieser Form existiert, weil das Planck'sche Wirkungsquantum genauso groß ist, wie es nun mal ist.

Es ist der »Spielraum« der allen Elementarteilchen und damit auch makroskopischen Objekten gegeben ist und der deren physikalischen Eigenschaften erst bedingt!

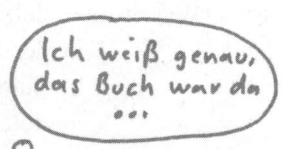

ALLE Massen besitzen den Welle-Teilchen-Dualismus und können theoretisch und teils auch praktisch diese merkwürdigen Eigenschaften an den Tag legen.

Mit zunehmender Masse wird aber die Wahrscheinlichkeit geringer, dass dies passiert. Sie ist aber nicht null...

Wenn der **Betrachter** offensichtlich **Einfluss auf die Realität** hat, stellt sich natürlich die Frage, wie zufällig der Zufall ist.

Im Internet kursiert ein Experiment an der Universität von Princeton, bei dem über Jahre die Werte von weltweit verteilten **Rauschdioden** gesammelt und analysiert wurden. Rauschdioden sind spezielle Bauteile, die Rauschen erzeugen, das eine statistische Verteilung verschiedener Frequenzen darstellt. Aufgrund dieses Experiments ergäben sich Hinweise, dass bei globalen Ereignissen, wie z. B. dem 11. September, sehr deutliche Abweichungen von den zu erwartenden **statistischen Mittelwerten** gemessen werden konnten und zwar beginnend schon einige Stunden BEVOR dieses Ereignis weltweit in den Medien zu verfolgen war. Man schließt daraus, dass ein globales Bewusstsein zu existieren scheint, das den Zufall beeinflussen kann.

Stimmt dieses Ergebnis, so hätte man zum ersten Mal ernste Hinweise darauf, dass an Gedankenlesen, Hellsehen und Telekinese vielleicht doch »etwas dran« sein könnte. Die etablierten Physiker tun sich etwas schwer mit solchen schlecht erfassbaren und schlecht reproduzierbaren Dingen. Man sollte seinen Geist frei halten ☺

Was immer dabei letztendlich herauskommt: Die Welt der Physik bleibt sehr interessant und Ihr habt es mal in der Hand, solche und viele andere Rätsel zu lösen!

Galilei soll einmal sinngemäß gesagt haben, dass die Autorität Tausender nicht soviel wert sei, wie das Nachdenken eines Einzelnen.

Der Fortschritt gibt ihm recht ☺.

Vakuum

Vakuum? Das ist doch das, was übrig ist, wenn man die gesamte Luft aus einem Gefäß evakuiert hat. Da ist doch NICHTS mehr, oder? Im Weltraum herrscht doch auch **Hochvakuum**, da ist doch auch NICHTS mehr, oder? Denkste...

Die Antwort wäre auch nicht so ganz logisch, denn wir wissen, dass sich elektromagnetische Wellen, die Gravitation, die Wechselwirkungen und Materie durch das Vakuum bewegen. Wir wissen, dass eine **Antenne** ihre Energie in das Vakuum quasi einkoppelt und vieles mehr. Das würde wohl kaum gehen, wenn das Vakuum aus NICHTS bestehen würde.

Aus diesen Gründen nahm man früher an, es gäbe einen »**Äther**«, also eine Art feinstoffliches Medium, dass diese Übertragungen ermöglichen würde.

Ähnlich wie Wasser oder Luft als Voraussetzung für Wasser- und Schallwellen.

Entsprechende Experimente verliefen aber negativ, weil man letztendlich etwas Stoffliches suchte.

Experimente in **Beschleunigeranlagen** zeigen, dass bei hochenergetischen **Kollisionsversuchen** Teilchen im Vakuum aus dem »NICHTS«

entstehen. Energie »**materialisiert**« im Vakuum, es entstehen also reale Teilchen. Das erinnert so ein bisschen an das »Beamen« bei Raumschiff Enterprise.

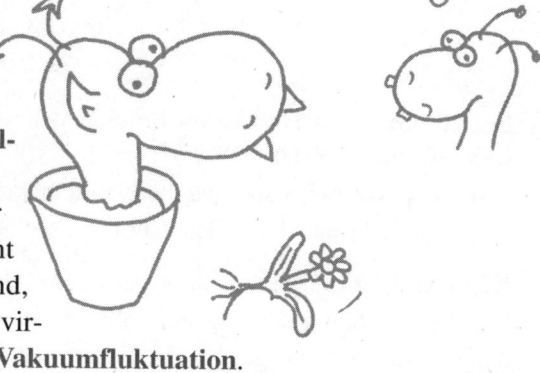

In der Quantenfeldtheorie nimmt man an, dass das Vakuum ständig **Teilchen-/Antiteilchen-Paare** erzeugt, die sich sehr schnell wieder vernichten. Da sie nicht dauerhaft vorhanden sind, nennt man diese Teilchen virtuell und diesen Vorgang **Vakuumfluktuation**.

Dieser Vorgang ist vielleicht die Ursache für das Planck'sche Wirkungsquantum, also die prinzipielle Unmessbarkeit von Impuls und Ort eines Teilchens mit beliebiger Genauigkeit. Man könnte es als eine Art »Grundzappeln« des Vakuums sehen, das diese Unbestimmbarkeit verursacht.

Umgekehrt können wir natürlich genau wegen dieser prinzipiellen Unbestimmbarkeit diese Fluktationen nie direkt messen.

Allerdings gibt es einige Effekte, durch die man die Richtigkeit dieser Theorie belegen kann, wie den **Casimir-Effekt**.

Durch die ständige Entstehung virtueller Teilchen im Vakuum, die ähnlich der Schwingungen von Atomen und Molekülen bei der Wärme Impulse besitzen, entsteht ein allgegenwärtiger »Druck«. Bringt man nun 2 Platten im Hochvakuum auf sehr kleine Abstände zusammen, dann ziehen sie sich messbar an. Der geringe Abstand führt scheinbar dazu, dass sich nur solche virtuelle Teilchen bilden können, deren Wellenlängen zu dem Plattenabstand passen. Dies sind im Spalt weniger als außerhalb der Platten, wodurch das Vakuum die Platten aufeinander drückt.

Bei 10 nm sollen Drücke im Bereich von 100 kPa gemessen worden sein. 10 nm sind 0,000.000.010 m und 100 kPa entsprechen 100.000 N/m^2 = 10 N/cm^2, also etwa der Gewichtskraft die 1kg auf einen Quadratzentimeter auf der Erde ausübt.

Es ist wohl zu erwarten, dass geringere Abstände noch viel größere Druckkräfte bewirken, was ein völlig neues Licht auf atomare und erst recht subatomare Vorgänge wirft. Ohne Vakuum gäbe es offensichtlich keine Materie und auch keine Materie-Energie-Wandlung.

In der Weltraumforschung stößt man auf Phänomene, die man nur mit **dunkler Materie** und **dunkler Energie** erklären kann.

So gibt es Vermessungen von Kugelsternhaufen, die niemals aufgrund der Gravitation der dort sichtbaren Sterne allein zusammengehalten werden können. Man schließt daraus, dass es dunkle Massen geben muss, die die **fehlende Gravitation** erklären könnten.

Bei anderen Beobachtungen und Berechnungen ist das Ergebnis naheliegend, dass es auch eine dunkle Energie geben müsse, die ebenfalls unsichtbar ist.

Man nimmt heute an, was allerdings immer noch sehr spekulativ ist, dass das Universum zu knapp Dreiviertel aus dunkler Energie, zu knapp einem Viertel aus dunkler Masse und der klägliche Rest in etwa aus den Sternen besteht, die man sehen kann. Wir scheinen also am Sternenhimmel auch nur einen Bruchteil der Realität wahrzunehmen, wie im richtigen Leben ☺.

Die **Vakuumfluktuation** könnte eine Erklärung für die dunkle Energie und dunkle Materie liefern, wenn man sie eines Tages besser versteht. Die dunkle Energie macht man für die Ausbreitung des Universums verantwortlich.

Wer sich näher mit dieser wahrhaft phantastischen Physikrichtung beschäftigen möchte, sollte sich beispielsweise mit der Planck-Zeit, Planck-Länge und Planck-Masse beschäftigen und ein Physikstudium in Erwägung ziehen.

Gute mathematische Kenntnisse werden stillschweigend vorausgesetzt ☺.

Man geht heute davon aus, dass unterhalb der Werte der

Planck-Länge = 1,62 • 10^{-35} m

Planck-Zeit = 5,39 • 10^{-44} s

Planck-Masse = 2,18 • 10^{-8} kg

die bekannten physikalischen Gesetze und das **Raumzeitkontinuum** selbst ihre Eigenschaften verlieren. Was immer das genau heißt...

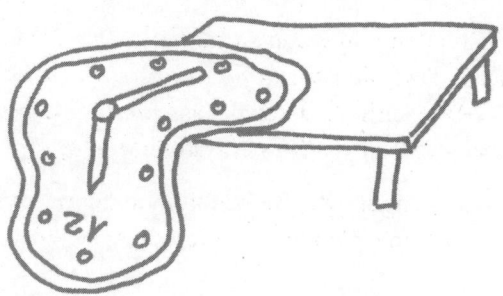

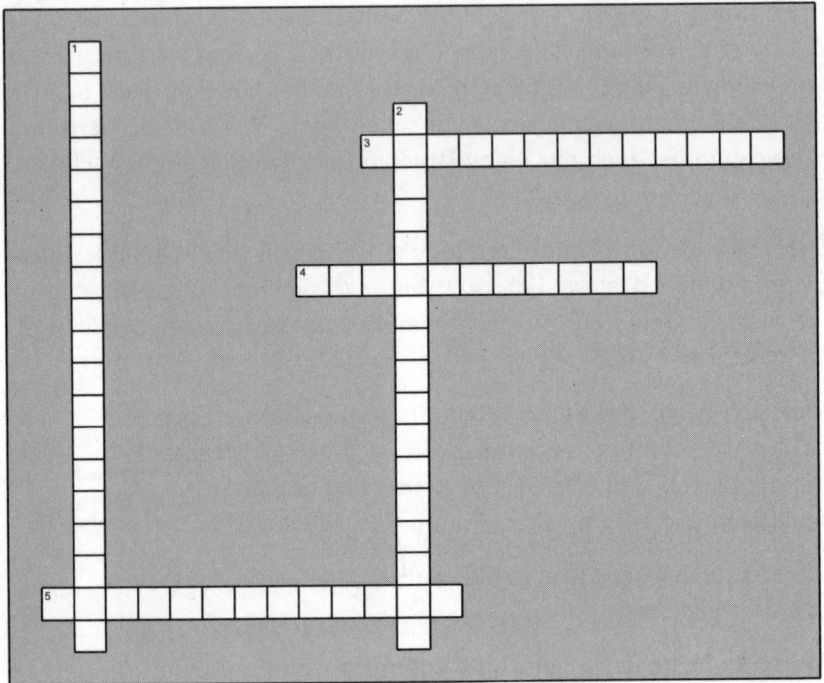

waagerecht

3. Effekt der Vakuumfluktuation

4. Lichtauslöschung

5. Bestimmtsein

senkrecht

1. Gerät z. Distanzmessung

2. Einheit von Raum und Zeit

Radioaktivität

Atome & Co

Wenn wir an Radioaktivität denken, denken wir an eine unsichtbare Gefahr. Dies kommt nicht von ungefähr. Wir verbinden diesen Begriff mit den Hunderttausenden von Toten in **Hiroshima** und **Nagasaki**, dem jahrzehntelangem Siechtum einer nicht weniger großen Zahl an Einwohnern, die später an **Krebsleiden** starben, an **Missbildungen** und **Totgeburten**.

Der Reaktorunfall von **Tschernobyl** sorgte dafür dafür, dass unsere Wälder heute teilweise noch **radioaktiv belastet** sind, so dass Wildfleisch und Pilze deutliche Kontaminationen aufweisen können. Hunderte von Quadratkilometern um Tschernobyl sind für Jahrmillionen radioaktiv verseucht und es sterben viele Kinder und Erwachsene an durch Radioaktivität verursachten Krebserkrankungen.

In unserem beschaulichen Land kennen wir Radioaktivität, außer durch belastete Wälder, im Zusammenhang mit **Kernkraftwerken**, **Atommülltransporten** und **Endlagern**. Keiner weiß wohin mit dem hochradioaktiven Müll, weswegen man ihn versucht in alten Salzstollen gegen den Widerstand der in der Nähe wohnenden Bevölkerung zu verbuddeln.

Die typische Mentalität einer skrupellosen Wegwerfgesellschaft führt zu solchen Scheinlösungen. Dieser radioaktive Müll aus den Kernkraftwerken ist für **Jahrmillionen** eine potentielle Gefahr für nachfolgende Generationen.

Aber was ist Radioaktivität eigentlich? Hierzu müssen wir uns etwas ausführlicher mit den Atomen beschäftigen, die die alten Griechen damals noch als kleinste Bauteile unserer Welt vermuteten.

Die Chemiker führen alle Moleküle letztendlich auf eine Zusammensetzung von **Elementen** zurück. Man kann sich die ganze Chemie als riesigen Baukasten vorstellen, in dem es etwas über hundert verschiedene Bausteine gibt, aus denen die Natur und die Chemiker die tollsten Konstruktionen zusammensetzen können. Im Unterschied zu den Chemikern hat es die Natur geschafft, alle ihre Kunstwerke recyclebar zu machen und belastet diese nicht durch überflüssige Rückstände ;-)

Die Natur wohlgemerkt, nicht die chemische Industrie ☺.

Was sind Elemente? **Elemente** sind Atomsorten, die sich durch ihren Aufbau unterscheiden. Wasserstoff, Helium, Kohlenstoff, Sauerstoff, Eisen, Gold, usw. sind Elemente. Allein an dieser kurzen Auflistung fallen schon Unterschiede zwischen diesen Elementen auf.

Wasserstoff und Helium sind z. B. Gase, Gold und Eisen, Metalle, usw.

Das einfachste Atom ist das Wasserstoffatom. In der einfachsten Ausführung besteht es aus einem **Proton** und einem **Elektron**. Das Elektron umkreist das Proton mit einer unglaublichen Geschwindigkeit in einem relativ großen Abstand.

Aber was heißt hier großer Abstand? Das Wasserstoffatom selbst ist etwa

$1 \cdot 10^{-10}$ m »groß«

Das Elektron rotiert etwa 10^{15} mal um seinen Atomkern, ausgeschrieben:

1,000.000.000.000.000 pro Sekunde

Ein Elektron selbst ist etwa 10^{-15} m »groß«. Der Atomkern ist winzig verglichen mit dem Abstand zum Elektron. Das Atom als ganzes betrachtet ist also praktisch »leer«. Der **Kern** im Innern besitzt praktisch die gesamte **Atommasse**, da ein Elektron nur etwa 1/2000stel eines Protons wiegt.

Das sind recht imposante Zahlen, wenn man versucht, sich das einmal annähernd vorzustellen.

Das einfachste **Wasserstoffatom** besteht also aus einem Proton als Kern und einem Elektron in der rasanten Umlaufbahn. Sie umkreisen sich, weil sie sich anziehen. Ein **Elektron** ist elektrisch **negativ** geladen, ein **Proton positiv**.

Jetzt kann so ein Elektron aber nicht in beliebigem Abstand um seinen Atomkern sausen, sondern nur auf festen Bahnen, zumindest nach dem **Bohr'schen Atommodell**.

Jede Masse, die sich durch den Raum bewegt, sendet eine Welle aus, die von seiner Masse und der Geschwindigkeit abhängt. Ein kreisendes Elektron müsste also auch Energie durch **Abstrahlung** verlieren, um dann irgendwann auf den Atomkern zu stürzen. Aus diesen Gründen kann ein Elektron nur auf »Resonanzbahnen«, die einem Vielfachen seiner eigenen **Wellenlänge** entsprechen, ohne Energieverlust kreisen.

Diese Bahnen kann man sich auch als eine »statistische Wolke« vorstellen, auf denen die Elektronen um den Atomkern sausen, weil wegen der **Heisenberg'schen Unschärferelation** der Ort und der Impuls nicht beliebig genau bestimmbar sind.

Auf jeden Fall lernen wir, dass es wie auch immer definierte Bahnen um die jeweiligen Atomkerne gibt ☺. Durch Energiezufuhr von außen

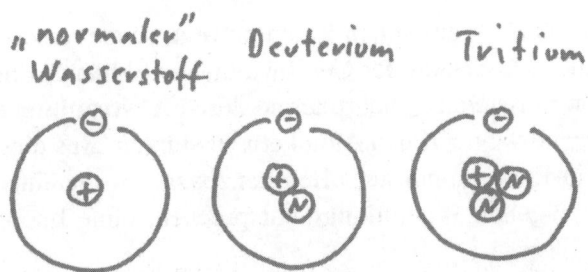

z. B. in Form von **Photonen** können Elektronen auf höhere Bahnen gehoben werden, um dann verzögert wieder auf die niedrigere Bahn zurückzufallen, unter Aussendung (Emission) von Photonen.

Elektronen suchen immer das nächst mögliche niedrigste **Energieniveau**, weswegen sie auf die niedrigere Bahn zurück »wollen«.

Wir haben gesagt, dass das einfachste Wasserstoffatom aus einem **Proton** als Atomkern und einem umkreisenden **Elektron** besteht. Das bedeutet, es muss noch andere Wasserstoffarten geben. Wir nennen sie **Deuterium** und **Tritium**.

Bei Deuterium gesellt sich zum Proton im Kern noch ein **Neutron**. Beim Tritium sogar 2 Stück:

Ein Neutron hat etwa die Masse eines Protons, aber keine **elektrische Ladung**. Es ist neutral, deswegen auch der Name. **Neutronen** klumpen sich gerne mit **Protonen** und weiteren Neutronen zu **Atomkernen** zusammen.

Wir nennen solche Bausteine eines Atomkerns **Nukleonen**, woraus »nuklear« abgeleitet ist. »Nukleus« bedeutet »Kern«, also Kernbausteine.

Elemente können also durchaus unterschiedlich zusammengesetzte Atomkerne haben, die sich nur in der Anzahl der Neutronen unterscheiden. Man nennt solche Variationen der Natur **Nuklide**.

Nuklide eines bestimmten Elements nennt man Isotope

Nuklide könnte man also als Kernvarianten aller Elemente bezeichnen und **Isotope** als Kernvarianten eines Elements.

Neben Wasserstoff, Deuterium und Tritium sind z. B. das Isotop C14 vom Kohlenstoff relativ bekannt, das man gerne zur **Altersbestimmung** verwendet.

Spätere Generationen können sich auf das Jahr 1986 datieren, wie wir noch sehen werden...

Praktisch alle **chemischen** Reaktionen hängen von den Eigenschaften der **äußeren Elektronenbahnen** und deren **Elektronenbesetzung** ab. Sie sind (fast) völlig unabhängig von der **Neutronenanzahl** im Atomkern. Dasselbe gilt für die Elektrotechnik. Die komplette Elektronik könnte man als Technik der Elektronenflüsse bezeichnen.

Egal ist hier aber nicht, ob ein Atom ein Elektron zuviel oder zuwenig hat.

Hat es ein Elektron mehr, nennt man es **negatives Ion**, hat es eines zuwenig, nennt man es **positives Ion**.

Da Elektronen unter äußeren Einflüssen von Atomen wegbewegt werden können, wie durch **Spannungen, Strahlung** oder andere Atome und Moleküle, kommen Ionen sehr oft vor.

Ionen sind wegen der fehlenden, bzw. überschüssigen Elektronen sehr **reaktionsfreudig.** Sie heften sich praktisch an alle möglichen Moleküle und gehen damit Bindungen ein. Werden Ionen im Körpergewebe durch radioaktive Strahlung verursacht, hat dies fatale Folgen für die Zellen und deren DNS.

Von »Verbrennungen« über Krebs bis Missbildungen ist das ganze Repertoire an zellbiologischen Katastrophen vorhanden.

Zurück zu unseren Elementen und Atomkernen. Ein Atom ist also elektrisch **neutral,** weil es genauso viele Protonen wie Elektronen besitzt. Die Ladungen gleichen sich aus. Ein Element ist also durch seine **Protonenanzahl** (=Elektronenmenge im nichtionisierten Zustand) definiert.

Deswegen sind alle **Isotope,** die ja die gleiche Protonenmenge besitzen und sich nur durch die Menge der Neutronen unterscheiden, das gleiche chemische Element.

Wasserstoff, Deuterium und Tritium sind deswegen ein und dasselbe Element mit (fast) völlig identischen **chemischen Eigenschaften.**

Jetzt ist es bei den Elementen und Isotopen so wie im richtigen Leben: Je mehr zusammenkommen, desto wahrscheinlicher gibt es Ärger.

Dann wird der Atomkern irgendwann umgebaut und es fliegen im wahrsten Sinne des Wortes des Fetzen.

Das nennt man **radioaktiven Zerfall,** bei dem **radioaktive Strahlung** entsteht. Je nach Element und Isotop treten verschiedene **Zerfallsarten** auf. Im Wesentlichen sind das die **Alpha-, Beta, Gamma-** und **Neutronenstrahlung.**

Bumm

Alphastrahlung ist praktisch ein davonrasender **Heliumkern**, bestehend aus 2 Protonen und 2 Neutronen. Er entsteht, wenn ein großer Atomkern sich aus heiterem Himmel von einem Paket, bestehend aus 2 Neutronen und 2 Protonen trennt. Durch die beiden positiven Ladungen erzeugt er beim Durchflug durch Zellgewebe eine lange Spur **ionisierter Moleküle**, die dann neue **Bindungspartner** suchen.

Das ist, wie schon geschildert, eine biologische Katastrophe, wenn hierbei z. B. **Erbinformationen** geschädigt werden. Weswegen das Einatmen oder die Aufnahme über die Nahrung eines potentiellen Alphastrahlers sehr riskant für die Gesundheit ist.

Da Alphastrahlen relative große Durchmesser haben (geladener Heliumkern), durchdringen sie (zum Glück) nur schlecht feste Körper, sodass sie theoretisch schon durch eine Postkarte abgeschirmt werden könnten.

Betastrahlen sind sehr schnelle **Elektronen** oder **Positronen** (positive geladene Elektronen), die ebenfalls gravierende Auswirkungen auf Gewebe haben. Zur Schirmung von Betastrahlen würde man schon eine dünne Aluminiumplatte brauchen. Betastrahlen entstehen, wenn sich ein Neutron zu einem Proton umwandelt.

Gammastrahlung ist eine ruhemasselose Strahlung wie Licht, nur deutlich höherfrequenter und »härter«. Wir erinnern uns, dass die Energie eines Photons von dessen **Frequenz** abhängt. Gammastrahlen können auch erhebliche Erbschäden verursachen. Gammastrahlen können sehr schlecht abgeschirmt werden und durchdringen selbst dicke Bleiplatten unter geringer Abschwächung.

Neutronen entstehen ebenfalls bei radioaktiven Prozessen. Sie sind zwar elektrisch neutral, haben aber aufgrund ihrer kinetischen (Bewegungs-) Energie die Eigenschaft kleiner Geschosse, die ebenfalls erhebliche biologische Schäden im Gewebe ausrichten können. Neutronenstrahlung ist ebenfalls schwer abschirmbar.

Als Maß für radioaktive Strahlung wird gerne **Bequerel** verwendet. Diese Maßeinheit ist eigentlich schlecht geeignet zur Gefahrenabschätzung, weil sie keinerlei biologische Bewertung enthält. 1 Bequerel bedeutet 1 Zerfall pro Sekunde. Der Bezug kann unterschiedlich sein: Pro Kilogramm, pro Liter, etc.

Das ist genauso aussagekräftig wie »Bei uns ist der Blitz eingeschlagen«.

Ist etwas passiert? Sind die elektrischen Geräte kaputt? Hat es gebrannt? Ist das Haus abgebrannt? Dieser Satz hat genau wie die Maßeinheit Bequerel keinerlei Bewertung über die realen Schäden. Fehlt der Bezug zu einer Menge sind Bequerel überhaupt keine brauchbare Größe mehr. Man kann damit nur ein grundsätzliches Gefahrenpotenzial aufdecken.

Zudem taucht der Begriff Bequerel sehr unkritisch in vielen Publikationen auf. Bequerel kann nur als ungefähre Intensitätsbewertung benutzt werden. Da Alpha-, Beta-, Gamma- und Neutronenstrahlung erheblich unterschiedliche biologische Auswirkungen haben, geht man andere Wege, deren biologische Schädlichkeit zu beurteilen.

Die erste, schon etwas bessere Möglichkeit, ist die Angabe der Strahlung in Gy (Gray) mit der Einheit J/kg, welche die Energie der Strahlung erfasst. Gray ist eine Energiedosis.

1 Gy = 1 J/kg

Da aber nicht nur die Energie, sondern auch die Art der Teilchen Auswirkungen auf die biologische Belastung hat, führt man einen Bewertungsfaktor ein. So erhält man die **Äquivalenzdosis**. So gilt:

1 Sv (Sievert) = Q • Gy

wobei Q = 20 bei Alphastrahlung gilt, für Beta-, Gamma- und auch **Röntgenstrahlung** Q = 1.

Neuere Bewertungen zeigen, dass **freie Neutronen** mit Q = 20 bis 200 (!) bewertet werden müssen.

Sievert bzw. mSv sind somit statistisch korrekte Maßeinheiten um **biologische Schädigungen** abschätzen zu können. Man muss aber beachten, dass Sievert immer auf eine **Zeitspanne** bezogen wird. Das veraltete **rem** entspricht übrigens 0,01 Sv.

Wenn man 2.5 mSv/h an einem radioaktiv verseuchten Behälter misst, dann entspricht das einer **Jahresdosis** von 365,25 • 24 h • 2,5 mSv/h = 21,915 Sv/a (!)

Gefährlichkeit zu bewerten ist eine sinnvolle Sache, was man tatsächlich messen kann, aber eine ganz andere. So setzen Kernkraftwerke große Mengen an **radioaktivem Tritium** frei. Tritium ist ein Wasserstoffisotop und findet sich dadurch im Wasserkreislauf wieder, was eine sehr schnelle Verbreitung zur Folge hat. Die **Nachweisgrenze** liegt heute etwa bei 100 Bequerel, also 100 Zerfällen pro Liter pro Sekunde. Tritium ist ein weicher Betastrahler und deshalb messtechnisch sehr schwer nachweisbar.

»Zufälligerweise« hat man den Grenzwert deshalb auf die Nachweisgrenze von 100 Bequerel pro Kilogramm gesetzt und dies in einer neuen **Trinkwasserverordnung** festgelegt. Die Behörden sind aber nicht angehalten, diese Grenzwerte zu kontrollieren!

Wenn man bedenkt, dass aus allen größeren Flüssen Trinkwasser für die Bevölkerung gewonnen wird, ist das ein echter Skandal. Wasser ist das Lebensmittel, welches wir am meisten zu uns nehmen.

Natürlich sind wir auch »normalen« **Strahlenbelastungen** ausgesetzt. Hier eine kleine Tabelle:

Quelle	Geschätzte Jahresdosis in mSv/a
Kosmische Strahlung	0,3
Terrestrische Strahlung	0,5
Innere Strahlung	0,3
Radon (Beton, best. Baustoffe)	1 (!)
Medizin (Röntgen, etc)	1,5 (!)

Diese mittleren Werte schwanken sehr stark von Region zu Region und stellen nur eine Orientierung dar. Auch im Haus sind wir durch Einatmen von Radon und der Bestrahlung durch manche Baustoffe einer erhöhten Strahlenbelastung ausgesetzt, die vermeidbar wäre. Radon entsteht im Erdreich durch radiaktive Zerfallsprozesse und ist ein Edelgas, das leicht diffusionsoffene Materialien durchdringen kann. Die Aktivität in der Atemluft liegt in Deutschland im Mittel bei etwa 50 Bequerel pro Kubikmeter in Wohnräumen. Radon wird für etwa 7% aller Lungenkrebserkrankungen verantwortlich gemacht, weil dessen kurzlebigen Zerfallsprodukte starke Alpha- und Betastrahler sind, die das Gewebe schädigen.

Radon besitzt eine gute Wasserlöslichkeit, so dass es sich rasch im Körper verteilt und dort genauso Erbschäden verursacht, wie auf den Bronchien.

Interessant ist, dass auch Kohlekraftwerke Radioaktivität in ihren Abgasen freisetzen, die z. B. aus **radioaktiven Kohlenstoffisotopen** stammen.

Problematisch ist auch, dass wir zunehmend radioaktives Uran über unsere Nahrung aufnehmen, weil manche Kunstdünger erhöhte Konzentrationen hiervon enthalten können.

STATISTISCH GESEHEN sind die radioaktiven Belastungen durch unsere »natürliche« Umwelt am größten. Böden, bestimmte Baumaterialien und kosmische Strahlung haben neben **Röntgenuntersuchungen** die größten Auswirkungen auf unsere Gesundheit. Das kann sich aber schnell ändern, wenn z. B. ein **Atommülltransport** einen schweren Unfall hat. Statistisch gesehen ist das nur eine Frage der Zeit.

Wenn man an das Zugunglück von Eschede denkt, ist es zweifelhaft, ob ein Transportbehälter den seitlichen Aufprall auf einen Brückenpfeiler überstanden hätte.

Dies kann zu einer **radioaktiven Verseuchung** von mehreren Quadratkilometern führen und dies über Zeiträume, die das menschliche

Vorstellungsvermögen sprengen. Informiert Euch mal über die Folgen von Tschernobyl und die radioaktive Verseuchung des Landes. Dies war kein Szenario – es war und ist Realität. **Es ist naiv zu glauben, Fehler würden nur anderen passieren...**

Kehren wir von den Auswirkungen der Radioaktivität zu dem Aufbau der Atome zurück. Es gibt also von jedem Element mehrere Isotope, die oft instabil sind und radioaktiv zerfallen.

Man kann nicht vorhersagen, wann ein Atom radioaktiv zerfällt. Es gibt keinerlei Anhaltspunkte oder Theorien darüber, wann ein bestimmtes Atom zerfällt.

Was man aber sehr genau aus einer großen Anzahl von Atomen statistisch bestimmen kann, ist, wann die Hälfte von ihnen zerfallen sein wird.

Diese Zahl nennt man **Halbwertszeit**. Man kann diese zur Altersbestimmung benutzen, da manche Isotope nur zu Lebzeiten bzw. Entstehungszeiten biologisch eingebaut werden konnten. Durch Bestimmung der Restmenge und Kenntnis der Halbwertszeit des betrachteten Isotops, kann man das Alter sehr genau bestimmen.

Uff !

Wenn ein Isotop eine Halbwertszeit von 2,5 Jahren hat, ist nach 2.5 Jahren nur noch die Hälfte davon übrig, nach 5 Jahren ein Viertel, nach 7,5 Jahren Ein Achtel, usw.

Das mag ja noch überschaubar klingen.
Denkt man aber einmal darüber nach, wie lange das hochgiftige und krebserregende **Plutonium 239**, das in Kernkraftwerken anfällt, uns erhalten bleibt, so stockt einem der Atem: Halbwertszeit: **24000 Jahre** (!). Vergleicht man die Zeitspanne von Beginn der Geschichtsschreibung bis heute mit der Halbwertszeit von Pu 239, so

wird das Ausmaß des verantwortungslosen Handelns unserer Generation erst einmal bewusst.

So wurde in England Plutonium bereits in den Zähnen von Jugendlichen nachgewiesen, ebenso wie Strontium 90. Beide Substanzen lagern sich auch in Knochen ein und bestrahlen dort munter das rote Knochenmark. **Leukämie** (Blutkrebs) kann die Folge sein.

Plutoniumeinleitungen in den Atlantik sind schon bis in die Polargebiete gespült worden. Die Annahme, dass sich diese vorher im Schlick der Meere ablagern würden, ist dadurch widerlegt.

In Europa werden radioaktive Abfälle, z. B. in den traurige Berühmtheit erlangten Atomtransporten, auf Gleisen durch **bewohntes Gebiet** gefahren.

Sowohl der Inhalt als auch die Behälter selbst strahlen. Gammastrahlung und Neutronen sind nicht sehr beeindruckt von der Behälterwandung und dringen nach außen. Die eingesetzten Dosimeter zur Überwachung der Radioaktivität, bzw. der Strahlenbelastung von Personen, die sich in der Nähe aufhalten, erfassen aber meines Wissens keine **Neutronenstrahlung**, da sie nicht ionisierend ist.

Diese besitzt aber einen **Bewertungsfaktor Q bis 200**, je nach Menge und Geschwindigkeit dieser kleinen Geschosse. Die Leute in direkter Nähe zu diesen Behältern sind also einem für sie unkalkulierbaren Strahlenrisiko ausgesetzt, wenn sie keine entsprechenden Dosimeter auch für Neutronenstrahlung besitzen, um die Gefahr abschätzen zu können.

Die »Produkte« der Kernkraftwerke und Wiederaufbereitungsanlagen haben sich schon lange über Luft, Flüsse und Meer in unserer **Nahrungskette** eingenistet. Hätten sich unsere Väter und Mütter früher mehr für Physik interessiert, wäre uns und unseren Kindern dieser Wahnsinn vielleicht erspart geblieben.

Ein radioaktiver Zerfall eines Atomkerns kann eine ganze Reihe nachfolgende **Kernreaktionen** auslösen, so genannte **Zerfallsketten**. Der radioaktive Zerfall von U 239 führt beispielsweise über 12 weitere Nuklide bis zum radioaktiv stabilen Blei. Bei jedem dieser Zerfälle bilden sich Nuklide verschiedener Lebensdauer unter Aussendung verschiedener Strahlungsarten, wie beschrieben.

Doch bleiben wir noch ein bisschen bei unseren Chemikern. Um die chemischen Eigenschaften von Elementen beurteilen zu können, die ja von der **Elektronenhülle** ihrer Atome abhängen, sind sie auf das sogenannte »Periodensystem der Elemente« gekommen, mit dem uns schon manch ein Chemielehrer beglückte. Das wollen wir hier nicht wiederholen, aber etwas auffrischen, da es auch mit dem Atomaufbau zu tun hat.

Das Periodensystem ist nur ein **Ordnungsschema**, das grob die **chemischen Eigenschaften** von Elementen erklären kann. Von oben nach unten sind die möglichen »Elektronenschalen« von Atomen gelistet, von links nach rechts deren mögliche Belegung mit Elektronen, wovon die chemischen Eigenschaften abhängen.

Das Atommodell, das dem Periodensystem zugrunde liegt, geht auf Bohr und Sommerfeld zurück. Später hat man noch das **Orbitalmodell** eingeführt, das der statistischen Natur der Aufenthaltswahrscheinlichkeit von Elektronen Rechnung trägt, deren Berechnung wir u.a. einem Herrn Schrödinger zu verdanken haben.

Dies wurde notwendig, da wegen der prinzipiellen Unbestimmbarkeit von Impuls und Ort gleichzeitig aufgrund der Heisenberg'schen Unschärferelation man nicht genau sagen kann, wo sich ein Elektron ge-

rade genau aufhält. Es gibt lediglich verschieden große **Wahrscheinlichkeiten** hierfür, die man sich anstelle einer Bahn z. B. als verteilte Ladungswolke vorstellen könnte.

Die Realität, gespickt mit einem Dutzend weiterer Effekte, ist nicht immer mit solch vereinfachten Modellen komplett zu erfassen. Da wir anschaulich bleiben müssen, gehen wir aber von den Modellen aus.

Die erste, die sogenannte K-Schule ist kugelförmig und kann maximal 2 Elektronen aufnehmen. Die höheren Schalen können **Orbitale** bilden, also so ein verbeultes Herumeiern um den Kern, je nach Anregungszustand. Das so genannte **Pauliprinzip** besagt, dass sich 2 Elektronen nie gleichzeitig auf demselben **Energieniveau** aufhalten können. Die Energieniveaus werden durch den Abstand zum Kern (Bahnhöhe), den **Elektronenspin** (Eigendrehung des Elektrons) und den Ort (Bahn) bestimmt.

Als Index, genauer **ORDNUNGSZAHL,** dient die Anzahl der Protonen, die ja ein Element eindeutig bestimmen.

Ordnungszahl = Anzahl der Protonen

Darüber steht die **Kernmasse** in »u«. Ein u ist der **12te Teil** der Masse eines Kohlenstoffatoms. Es fällt auf, dass die Kernmassen verschiedener Elemente nicht ganzzahlig sind, sondern Nachkommastellen haben. Wie kann das sein, wenn alle Neutronen sowie alle Neutronen die

gleiche Masse haben? Dann müssten es doch Vielfache oder Bruchteile hiervon geben?

Nachdem Einstein mit seinem berühmten $E = m \cdot c^2$ festgestellt hat, dass Masse und Energie nur über einen Faktor zusammenhängen (äquivalent sind) und klar wurde, dass in der Welt der Quanten andere Gesetze herrschen als in unserer heilen Welt, erkannte man, dass es innerhalb von Atomkernen **Massedefekte** gibt, die mit deren inneren Energieverteilung zu tun haben. Hinzu kommt noch der Einfluss der Isotope der jeweiligen Elemente.

Die Kernmasse ist deswegen ein **Durchschnittswert** aller Kernmassen aller vorkommenden Isotope eines Elements und willkürlich bezogen auf **1/12 der Masse des Nuklids C_{12}.**

Die **Atommassen** sind für chemische Vorgänge sehr hilfreich, kann man doch mit ihnen quantitativ chemische Reaktionen beschreiben. Betrachtet man z. B. die Reaktion von Wasserstoff und Sauerstoff zu Wasser:

$$2 H_2 + O_2 = 2 H_2O$$

Welches **Molekulargewicht** hat denn ein Wassermolekül?

Schaut man sich die **Atommassen** im Periodensystem an, so sieht man, dass Wasserstoff den Wert 1 und Sauerstoff den Wert 16 hat.

H_2O bedeutet: Ein Wassermolekül besteht aus 2 Wasserstoffatomen und einem Sauerstoffatom. $2 \cdot 1 + 16 = 18$. Die Einheit ist hier das »u«.

Noch konkreter wird's, wenn man weiß, dass **1 mol** eines Stoffes diese Einheit in Gramm bedeutet. 1 mol Wasser besitzt also das **Molekulargewicht** von 18g.

Vielleicht wisst Ihr noch/schon aus dem Chemieunterricht, dass 1 mol eines beliebigen Stoffes immer $6{,}022 \cdot 10^{23}$ Moleküle enthält, eine gigantische Zahl, die so genannte Avogadro-Konstante.

Avogadro-Konstante: $6{,}022 \cdot 10^{23}$ pro Mol

Wolltet Ihr jedes einzelne Wassermolekül in diesen 18g Wasser zählen, was etwa einem Schnapsgläschen voll entspricht, müsstet Ihr bis

602200000000000000000000 zählen (!)

Soweit ein kleiner Ausflug in die Chemie.

Wie wir bereits erfahren haben, gibt es unterschiedliche Masseverhältnisse, vergleicht man verschieden schwere Atomkerne miteinander.

Streng genommen müssten die Kernmassen ja immer Vielfachen ihrer Neutronen und Protonenzahl entsprechen. Dies tun sie auch, allerdings mit kleinen Abweichungen. Man geht heute davon aus, dass nicht nur die Elektronenhülle eine Art Schalenstruktur besitzt, sondern auch Atomkerne selbst so etwas Ähnliches

besitzen. Jedenfalls gibt es Bindungen zwischen den Protonen und Neutronen, die so genannten **Kernkräfte**. Kernkräfte verhindern z. B. dass der Kern auseinanderfliegt, weil sich die positiven Ladungen der Protonen ja **abstoßen**.

Diese Kernkräfte müssen deswegen sehr stark sein, aber von kurzer **Reichweite**, denn außerhalb der Kerne kann man sie praktisch nicht mehr nachweisen.

Sie entsprechen einer **Bindungsenergie**. Da Energie laut Einstein aber proportional der Masse ist, müssen, schon aufgrund geometrischer Verhältnisse im Kern, verschiedene Bindungsenergien vorhanden sein, die auf Kosten der Masse gehen.

So sind manche Atomkerne leichter, manche schwerer als der Mittelwert u erwarten ließe.

Ein Wasserstoffatom besitzt 1 Nukleon, ein U 238-Kern besitzt 238 Nukleonen (Protonen + Neutronen), wovon 92 Protonen sind. Die Neutronenzahl ist demnach 238 Nukleonen – 92 Protonen = 146 Neutronen.

Irgendwie wird da schon klar, dass bei derart drastischen Unterschieden auch andere innere Bindungsverhältnisse vorliegen müssen.

Vielleicht noch ein Wort zu der Schreibweise von Nukliden, die vielleicht etwas ungewohnt anmutet, aber eigentlich ganz einfach ist.

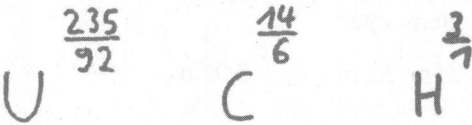

$$U \, ^{235}_{92} \qquad C \, ^{14}_{6} \qquad H \, ^{3}_{1}$$

Die obere Zahl sagt aus, was insgesamt im Atomkern rumdümpelt. Das sind also die **Nukleonen = Neutronen + Protonen**. Die untere Zahl gibt die Anzahl der Protonen an. Diese Schreibweise hat nichts mit Bruchrechnen zu tun! Es ist einfach eine Bestandsaufnahme, was im Kern vorhanden ist, mehr nicht.

Es gibt nun 2 Methoden, um aus manchen Elementen Energie zu wandeln: Die **Kernspaltung** und die **Kernfusion**. Bei der Kernspaltung zerfällt z. B. U235 (Uran 235) unter Neutroneneinfang zu 2 neuen Elementen und setzt weitere Neutronen frei, die ihrerseits andere U235-Atome spalten. So werden immer mehr Neutronen freigesetzt, die immer mehr U235-Atome spalten. Dies nennt man eine **Kettenreaktion**. Kontrolliert man diese nicht, so kommt es zu einer **atomaren Explosion**, die extrem schnell riesige Energiemengen freisetzt. Kontrolliert man diese Kettenreaktion, so kann man die freigesetzte **thermische Energie** in elektrische wandeln. Ein Kernkraftwerk ist entstanden, zumindest grob prinzipiell.

Kernfusion dagegen bedeutet das **Verschmelzen von Atomkernen** unter enormen Temperaturen. Dieser Vorgang ist die Energiequelle unserer Sonne. Hier wird Wasserstoff zu Helium fusioniert unter Abgabe gewaltiger Energiemengen.

Kernfusion bedeutet Kernverschmelzung.

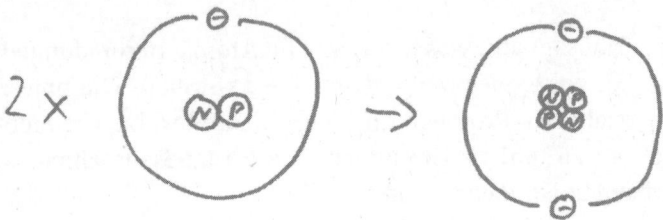

Die Menschheit versucht, diese Energiequelle durch den Bau von **Fusionsreaktoren** zu erschließen, was bisher nicht im Dauerbetrieb gelang. Die technischen Schwierigkeiten sind enorm und wieviel Radioaktivität durch die Kernfusion letztendlich entstehen wird bleibt auch noch offen.

Man hat die Kernfusion aber (natürlich...) schon als **Wasserstoffbombe** realisiert. Als Zündung dient eine Atombombe, um die erforderlichen Temperaturen zu erreichen (!)

Sowohl bei der Kernfusion als auch bei der Kernspaltung rührt die Energie also von den »Umbauarbeiten« an Kernen her. Die entstehenden **Massedefekte** werden als **Strahlungsenergie** verschiedenster Art freigesetzt.

Beim Element Eisen ist übrigens Schluss mit weiterer Energiewandlung durch Massendefekte. Es ist kerntechnisch gesehen das Element, bei dem weder durch Spaltung noch durch Fusion weiter Energie freigesetzt werden kann.

Die vier Wechselwirkungen

In der Natur kennt man vier Kräfte, die über Felder wirken:

1. Elektromagnetische Kraft
2. Gravitationskraft
3. die starke Kraft
4. die schwache Kraft

Sie wirken über Felder durch den Raum auf andere Körper. Der **Elektromagnetismus** ist technisch gut bekannt und wird in einer Vielzahl von Geräten von uns benutzt.

Die **Gravitation** ist uns ebenfalls geläufig. Sie hält uns auf dem Erdboden und die Planeten auf ihren Umlaufbahnen um die Sonne.

Die elektromagnetische und die Gravitationskraft wirken noch über sehr große Distanzen, obwohl ihre Stärke mit $1/r^2$ abnimmt.

Die **schwache** und die **starke Kraft** sind räumlich stark begrenzt.

Die starke Kraft wird von den Nukleonen ausgeübt und ist sehr stark.

Sie ist etwa 100 mal stärker als die elektromagnetische, was erklärt, warum Protonen trotz ihrer abstoßenden Ladungen im Kern gebunden sind.

Die Reichweite der starken Kraft beträgt nur etwa 10^{-15} m. Sie hält die Atomkerne zusammen.

Die schwache Kraft ist für den Betazerfall verantwortlich und hat nur eine Reichweite von 10^{-16} m. Ihre Ursache liegt in **subatomaren** Teilchen, also Teilchen, die noch kleiner als die Nukleonen sind.

Hiervon gibt es eine ganze Menge, deren Besprechung aber bei Weitem den Umfang dieses Taschenbuches sprengen würde.

Beim Atom ist noch lange nicht Schluss mit dem »nicht mehr teilbar«. Die Forschungen hierzu haben noch lange kein absehbares Ende erreicht, geschweige denn eine umfassende Theorie ermöglicht. Die Kernphysiker habe sich heutzutage in riesigen Beschleunigeranlagen

verbunkert, in denen sie Teilchen bis fast auf Lichtgeschwindigkeit beschleunigen und mit anderen kollidieren lassen.

Die entstehenden Bruchstücke werden erforscht und gelegentlich finden sich wieder neue Teilchen darunter, die aus Energie quasi aus dem »Nichts« entstanden sind. $E = mc^2$ ➔ $m = E/c^2$

Bleiben wir nur bei unseren Nukliden dann gibt es schon rund 1500 davon, wovon nur 500 noch natürlichen Ursprungs sind. »Noch« deshalb, weil viele Spaltprodukte im Laufe der Jahrmilliarden zerstrahlt sind. Nur rund 250 Nuklide sind stabil, d. h. nicht radioaktiv.

Warum die Menschheit ihre Umwelt ohne wirkliche Not auf Hunderttausende von Jahren mit radioaktiven Nukliden verseucht ist nur mit blanker Dummheit und egoistischem Gewinnstreben zu erklären.

Es gibt keine sichere »Entsorgung« von radioaktivem Material, das größere Halbwertszeiten besitzt, als die Menschheit alt ist.

Grenzwerte kennt man aus allen möglichen Arbeitsbereichen, z. B. für chemische Stoffe. Bei vielen Substanzen kann man davon ausgehen, dass der menschliche Körper unterhalb einer gewissen Konzentration keinen dauerhaften Schaden nimmt. Das Problematische an der Radioaktivität ist, dass es überhaupt keine untere Grenze für die Ungefährlichkeit gibt. Ein einziges Ereignis kann theoretisch und praktisch schon zu Krebs und Missbildungen führen.

Grenzwerte werden als vermeintliche Sicherheit empfunden, die es hier aber nicht gibt. Die Erhöhung von Grenzwerten nach dem Reaktorunfall von Tschernobyl für Lebensmittel könnte man als kriminell interpretieren, da man die Menschen bewusst höherer Strahlenbelastung aussetzt, ebenso wie den 100 Bequerel Grenzwert für 1l Trinkwasser bezogen auf Tritium. Tritium hat eine Halbwertszeit von etwa 12 Jahren und kann **überall** im menschlichen Gewebe vorkommen (Wasser), Strontium 90 und Pu 239 wird bevorzugt im **Knochengewebe** eingelagert werden, wo es durch Bestrahlung des roten Knochen-

marks **Leukämie** auslösen kann. Plutonium scheint dies schon allein durch seine extreme Giftigkeit zu können. 1 µg sollen bereits tödlich sein. Das ist 1 Millionstel Gramm!

Mit der Erhöhung von Grenzwerten nach dem Reaktorunfall von Tschernobyl versuchte man den Warenverkehr aufrechtzuerhalten, denn nach den **damaligen deutschen Grenzwerten** hätten sehr viele Produkte nicht mehr verkauft werden dürfen, weil sie zu hoch belastet waren. Der EU-Grenzwert liegt bei 600 Bequerel/kg bei Lebensmitteln. Strahlenexperten empfehlen als Grenzwert maximal 50 Bequerel/kg bei Erwachsenen, nur um mal wieder einen Bezug zur »Realität« zu bekommen.

Bei diesen Daten fehlt wieder einmal typischerweise die biologische Bewertung in Sievert...

Über die Verseuchung unserer Böden mit dem hochgiftigen und krebserregenden Plutonium findet man praktisch keine Daten, da es sehr schwer nachweisbar ist.

Mit Sicherheit war es auch im Fallout von Tschernobyl vorhanden.

Weitere Infos findet ihr z. B. auf der Homepage des Umweltinstitut München e.V., das sehr schöne sachliche Hintergrundinformationen über diese Themen bietet.

Die meisten Medien halten sich sehr mit kritischen Artikeln über die Kernkraft zurück oder glänzen schlicht durch Unwissen und Diletantismus.

Mit Kopfschütteln verfolgte ich z. B. die Kommentare eines Journalisten, der sich darüber ereiferte, dass die behördlich genehmigten radioaktiven Abwässer einer Firma den genehmigten Grenzwert um 10 % überschritten. Klar, das ist schlimm.

Aber was ist bitteschön schlimmer: Die 10 % mehr oder die genehmigten 100 %?

Natürlich waren die Angaben wieder in untauglichen Bequerel und die Benennung der radioaktiven Stoffe war irgendwie auch nicht von

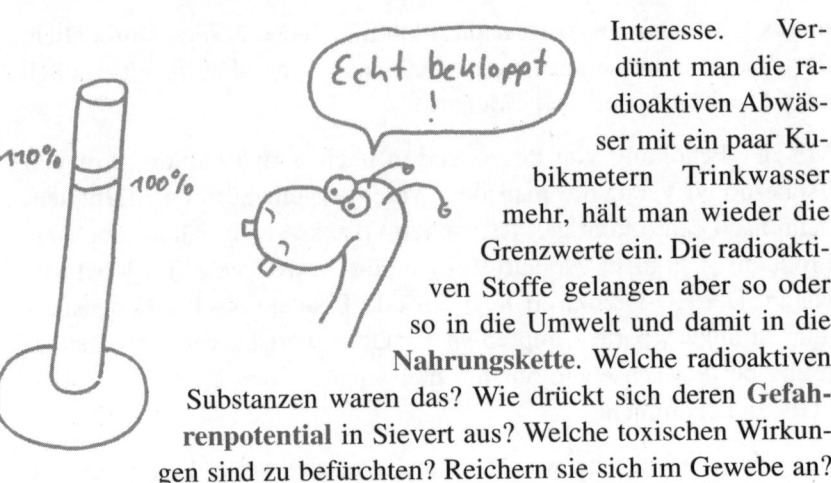

Interesse. Verdünnt man die radioaktiven Abwässer mit ein paar Kubikmetern Trinkwasser mehr, hält man wieder die Grenzwerte ein. Die radioaktiven Stoffe gelangen aber so oder so in die Umwelt und damit in die **Nahrungskette**. Welche radioaktiven Substanzen waren das? Wie drückt sich deren **Gefahrenpotential** in Sievert aus? Welche toxischen Wirkungen sind zu befürchten? Reichern sie sich im Gewebe an? Wie ist das grundsätzlich zu bewerten? Wie lange wird das schon betrieben? Wie kam es zu einer solchen Genehmigung? Wo lagern sich diese Stoffe ab?

Was ist das bitteschön für ein Journalismus?

Das waren 10% Journalismus und 90% Inkompetenz.

Was würdet ihr sagen, wenn jemand in eure Cola uriniert und erklärt, der Grenzwert wäre nicht überschritten worden (Urin ist übrigens biologisch sehr unbedenklich und zu 100% biologisch in kurzer Zeit abbaubar)?

Nachdem ihr lautstark protestiert, bekommt Ihr erklärt, man könne Eure Cola ja noch etwas weiter strecken, damit würde der amtliche Grenzwert locker eingehalten. Ihr wäret begeistert...

Das ist genau die behördlich genehmigte Methode, wie mit unseren Gewässern verfahren wird. Cool, nicht? Wir gewinnen ja nur Trinkwasser und anderes daraus... Prost!

Künstliche radioaktive Stoffe gehören überhaupt nicht in die Umwelt. Da dürfte es keinerlei Toleranz geben.

Liebe Leute, Ihr seht wieder einmal mehr, wie wichtig physikalische Kenntnisse für uns heutzutage sind.

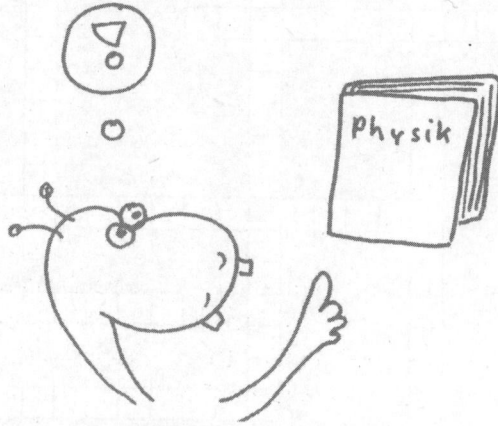

Man kann es auch so ausdrücken:

waagerecht

3. radioaktiver Zeitfaktor
6. Folge der Kernspaltung
7. Nuklide gleicher Elemente
10. Geladenes Atom
11. Ursache der Strahlungsenergie
12. Quelle radioaktiver Verseuchung
13. Nukleon

senkrecht

1. Kernverschmelzung
2. Ordnungsschema
4. Heliumion
5. Summe d. Atomgewichte
8. negativ geladenes Teilchen
9. Nukleon

Relativitätstheorie light

Die Relativitätstheorie

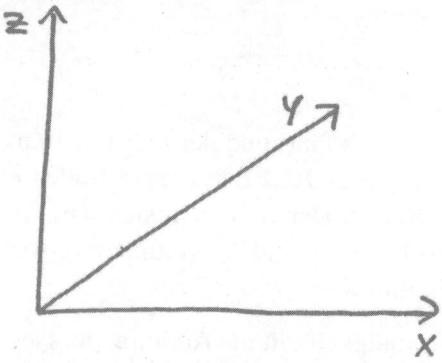

Um es vorweg zu sagen, sie ist zu umfang-
reich, um in ein Taschenbuch zu passen ☺. Wir
begnügen uns daher mit einer Einführung in interessante Auswirkungen auf unser Leben und Weltbild.

Die theoretischen Grundlagen und mathematischen Anforderungen für
die Grundlagen der Relativitätstheorie mit ihren mehrdimensionalen
Raumtheorien ist nur auf dem Niveau eines Physikstudiums nachzu-
vollziehen und das können wir hier nicht leisten.

In **Newtons** Welt war noch alles in Ordnung. Da gab es **3 Raumdi-
mensionen** und die Zeit. Dreidimensionale Koordinatensysteme sind
uns aus der Mathematik geläufig: Man benutzt z. B. x-, y- und z-Ko-
ordinaten um dreidimensionale Zusammenhänge zu verdeutlichen:

In der Natur kommt noch die Zeit hinzu, die es ermöglicht, **Bewegungen** im Raum zu beschreiben. In unserer Welt scheint es so zu sein,
dass sich Geschwindigkeiten von Körpern in gleicher Richtung addie-
ren oder subtrahieren, also z. B.:

$v_1 + v_2 = v_3$

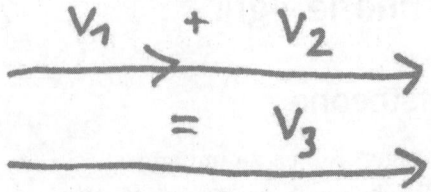

Das ist z. B. dann der Fall, wenn wir z. B. aus einem fahrenden Auto einen Ball in Fahrtrichtung werfen würden. Den Luftwiderstand müssen wir natürlich für unser Modell hier mal vernachlässigen:

Wenn das Auto mit 30 m/s fährt und der Ball mit 10 m/s in Fahrtrichtung geworfen wird, hat er **RELATIV** zum Boden eine Gesamtgeschwindigkeit von 40 m/s. Der Ball sieht sich RELATIV zum Boden ebenfalls mit 40 m/s bewegen und das Auto bewegt sich RELATIV zu ihm mit 30 m/s von ihm weg.

Für die Lichtgeschwindigkeit gilt die Addition der Geschwindigkeiten nicht mehr, da nichts schneller als das Licht zu sein scheint.

Wieso ist das Wort RELATIV hier so betont worden? Es soll aufzeigen, dass es unterschiedliche **Bezugssysteme** schon bei diesem einfachen Vorgang gibt, je nachdem wo sich der Betrachter befindet, kommt er zu anderen Ergebnissen.

Sitzt ihr ruhig auf einem Stuhl und lest dieses Buch? Denkste. Die Erde **rotiert** um ihre Achse und nimmt uns mit. Aufgrund dieser Erdrotation sind wir selbst auch ständig am Rotieren.

Der Erddurchmesser beträgt etwa 12700 km am Äquator. Der Umfang beträgt somit etwa 40000 km.. Dieser Weg wird in 24 Stunden zurückgelegt.

Das ergibt eine **Bahngeschwindigkeit** von

$4 \cdot 10^7$ m/24/3600s = 463 m/s

Das ist Überschallgeschwindigkeit! Wir sitzen auf unserem Stuhl und merken davon nix, weil alles andere um uns herum in der gleichen Geschwindigkeit mitrotiert.

Aber es wird noch doller. Die Erde rotiert auf einer elliptischen Bahn um die Sonne. Der mittlere Abstand zur Sonne beträgt 149 Millionen Kilometer.

Das ergibt eine ungefähre **Umlaufbahn** von $149 \cdot 10^6 \cdot 2 \cdot$ Pi = 936 Millionen Kilometer, die wir an 365,25 Tagen zurücklegen. Das bedeutet, wir rasen um die Sonne mit:

$9,36 \cdot 10^2 \cdot 10^6 \cdot 10^3$m/3,6525/$10^2$/24/3600s =29660 m/s

Das sind rund 30 km pro Sekunde, also rund 90-fache Schallgeschwindigkeit!

Also wir eiern uns quasi um die Sonne. Das ganze **Sonnensystem** rotiert um das Zentrum unserer Galaxie mit rund 225000 m/s, also 225 km pro Sekunde.

Last but not least düst unsere **Galaxie** komplett auch noch durch den Weltraum.

Nur aus den drei für unsere Verhältnisse sehr großen Geschwindigkeiten sehen wir, welch bewegtes Leben wir führen, ohne es überhaupt mitzubekommen.

Setzen wir uns in Gedanke auf den Mond und schauen auf die Erde, würden wir sehen, wie alles am **Äquator** mit 463 m/s herumgeschleudert wird.

Säßen wir auf der Sonne, würden wir dieses Herumschleudern sehen und die Bahngeschwindigkeit der Erde von 30 km/s. Es kommt also immer auf den **Bezugspunkt** an, den Standort des Betrachtes, zu welchen Ergebnissen er kommt.

Wir sind wohlgemerkt noch bei der klassischen Physik, bei der es auch schon auf den Standort des Betrachters ankommt. Das hat nichts mit menschlicher Interpretation von richtig oder falsch zu tun. Jedes physikalische Bezugssystem hat seine Existenzberechtigung.

Die Erde dreht sich um die Sonne und der Mond um die Erde, richtig?

Nicht so ganz. Die Erde wird vom Mond genauso angezogen, wie der Mond von der Erde. Weil die Erde aber deutlich massereicher als der Mond ist, eiern beide um einen **gemeinsamen Drehpunkt** (Schwerpunkt) auf ihrem Weg um die Sonne durch das All.

Dieser Drehpunkt liegt nicht weit von der Erde Richtung Mond entfernt und ergibt sich aus dem Massenverhältnis beider Planeten. Man könnte sie auch auf eine gedachte **Balkenwaage** legen und schauen, wo das Gleichgewicht eintritt:

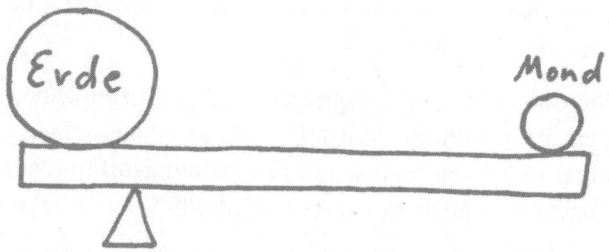

Diese **taumelnde Bewegung**, die uns ebenfalls 12 mal im Jahr herumwirbeln lässt, haben wir bis jetzt noch außer acht gelassen.

Was zieht Planeten eigentlich an? Ihre **Gravitation**, diese mystische Kraft, die die Welt zusammmenhält, die verhindert, dass die **Zentrifugalkraft** alles ins Weltall schleudert, die eine Atmosphäre und die Rotation um die Sonne ermöglicht.

Die Physiker haben eine **Gravitationskonstante** errechnet, wobei immer noch diskutiert wird, ob sie wirklich eine Konstante ist. Für unsere Verhältnisse liegt sie sehr konstant bei:

$$G = 6,67 \cdot 10^{11} \ Nm^2/kg^2$$

Die **Anziehungskraft**, die zwischen 2 Massen wirkt, errechnete Newton mit

$$F = G \cdot m_1 \cdot m_2 / r^2$$

Wir erkennen, dass die Gravitation zwischen 2 Massen quadratisch mit dem Abstand voneinander abnimmt. Was hat es mit dieser Gravitation auf sich?

Um es vorweg zu nehmen: Es beißen sich noch heute die Physiker die Zähne an dieser harten Nuss aus. Laut Einstein ist die Krümmung des **Raumzeit-Kontinuums** dafür verantwortlich.

Unsere Denkweise umfasst die **3 Raumkoordinaten und die Zeit**. In Wirklichkeit sind diese untrennbar miteinander verbunden. Geschwindigkeiten nahe der **Lichtgeschwindigkeit**, sogenannte **relati-**

vistische Geschwindigkeiten, zeigen, dass sich der Raum verkürzt, während sich die Zeit dehnt.

Für ein Photon, das ja mit Lichtgeschwindigkeit fliegt, bedeutet das, dass die Zeit für das Photon stillsteht, d. h. es ist aus seiner »Position« aus betrachtet gleichzeitig an seinem Entstehungsort und am Ziel. Für einen Beobachter donnert es jedoch mit **300000 km/s** durch die Welt.

Mit Geschwindigkeitsaddition läuft auch nichts mehr, stattdessen knautscht sich die Raumzeit nach merkwürdigen Regeln. Einstein kam da irgendwie drauf, als er sich vorstellte, was wohl passieren würde, wenn man in Fahrtrichtung in einem Zug mit einer Taschenlampe leuchten würde, oder so ähnlich ☺.

Für einen Raumfahrer, der eine Expedition mit Fast-Lichtgeschwindigkeit machen würde, bedeutet diese Krümmung der Raumzeit z. B., dass er kaum altern würde, im Gegensatz zu seinen auf der Erde zurückgebliebenen Freunden.

Der **relativistische Faktor**, der diese Zeitdehnung und Raumverkürzung beschreibt ist:

$$k = \sqrt{(1-(v^2/c^2))}$$

Für die halbe Lichtgeschwindigkeit v = c/2 ergibt sich erst ein Faktor von 0,866, für 90 % der Lichtgeschwindigkeit beträgt dieser Faktor 0,436. Bei einem Zehntel beträgt er 0,995.

Das bedeutet, dass wir selbst bei 30000 km/s nur relativistische Effekte von 5/1000 erwarten können. Hieran sehen wir, warum wir hier auf der Erde bei den uns bekannten Geschwindigkeiten wenig Sonderbares erwarten können.

Es kommt aber doller. Einstein berechnete, dass auch **schwere Massen** einen Einfluss auf das **Raumzeitkontinuum** haben. Sowohl der Raum als auch die Zeit werden also von schweren Massen beeinflusst, sprich **gekrümmt**.

Konkret bedeutet das, dass eine genaue Uhr, die auf dem Boden steht, eine **Zeitabweichung** zu einer sehr hoch positionierten Uhr haben muss.

Und tatsächlich, dies wurde mit **Präzisionsuhren** nachgewiesen. Dieser Effekt heißt **Zeitdilatation**. Wir reden hier übrigens von milliardstel Sekunden...

Einstein sagte auch voraus, dass die Masse der Sonne das sie umgebende Raum-Zeitkontinuum so krümmen würde, das Sterne, die normalerweise hinter der Sonne liegen, sichtbar würden. Auch dies bestä-

tigte sich exakt bei einer Sonnenfinsternis 1919. Es war einer der großartigsten wissenschaftlichen Triumphe in seiner Karriere.

Anders ausgedrückt bedeutet dies, dass große Massen **Photonen** ablenken. Man bezeichnet massereiche Objekte im Weltall auch als **Gravitationslinsen**, wenn diese hinter ihnen liegende Objekte sichtbar machen.

Aus der Sicht der Photonen legen diese jedoch immer noch den kürzest möglichen Weg zurück. Nur dieser ist keine Gerade mehr, sondern eine **Kurve in der Raumzeit**, völlig entgegen unserer normalen Vorstellungskraft.

Sich einen gekrümmten Raum dreidimensional vorstellen zu können, ist, wenn überhaupt, nur einigen Genies möglich. Für den Normalsterblichen soll folgendes »**Gumminetzmodell**« weiterhelfen.

Spannt man ein Gumminetz eben auf und legt einen schweren Ball darauf, so wird dieser etwas einsinken und das Netz zu einem **Trichter** dehnen.

Eine kleine Masse verursacht einen kleinen Trichter, eine große einen großen Trichter.

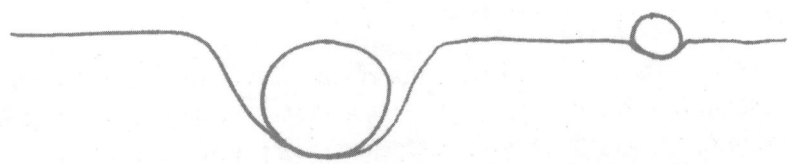

Eine kleine Kugel, die vom Netzrand den Rand eines Trichters streift, wird **abgelenkt** wie unsere Photonen. Eine andere kleine Kugel kann im Trichter am Rand rotieren, ohne hineinzufallen. Eine stilliegende Kugel am Trichterrand wird in Richtung auf die Mitte des Trichters beschleunigt werden.

Dieses Modell ist ganz anschaulich für die Erklärung der **Gravitationswirkung** geeignet. Es demonstriert die Ablenkung von Photonen,

die Planetenbahnen und die Gravitationswirkung. Wie gesagt, diese Gummi-Ebene ist nur ein 2-dimensionales Modell der Raumzeitkrümmung. Physiker und Mathematiker beschäftigen sich mit **mehrdimensionalen Räumen**, die diese Effekte wissenschaftlicher beschreiben, was allerdings sehr viel weniger anschaulich ist.

Eine Folge dieser Zusammenhänge ist auch, dass wir für die **Beschleunigung** von Massen auf Lichtgeschwindigkeit eine **unendliche Energie** benötigen würden.

Reisen in Raumschiffen mit Lichtgeschwindigkeit sind deshalb nach dem heutigen Stand der Wissenschaft nicht möglich. Auf der anderen Seite schienen in der Vorzeit viele Dinge unmöglich zu sein, die man später doch realisieren konnte.

Ebenso verhält es sich vielleicht mit der Lichtgeschwindigkeit, die als obere Grenze der erreichbaren Geschwindigkeiten betrachtet wird. **Überlichtgeschwindigkeit** würde auch bedeuten, dass die Zeit rückwärts laufen kann. Da wird es dann sehr philosophisch.

Verbleiben wir in der uns bekannten Realität, so stellen wir fest, dass wir Masse in Energie wandeln können. Dies geschieht z. B. in unserer Sonne in der Wasserstoffatome zu Helium verschmolzen werden, was sich **Kernfusion** nennt.

Die entstehenden Heliumkerne sind einen Tick leichter als die beiden Wasserstoffatome aus denen es entstanden ist. Die Massedifferenz wird in Energie umgewandelt nach Einstein's berühmter Formel:

$$E = m \cdot c^2$$

Der »Wandlungsfaktor« ist das Quadrat der Lichtgeschwindigkeit!

$$9 \cdot 10^{16} \text{ m}^2/\text{s}^2$$

Es ist doch irgendwie bemerkenswert, wie die Lichtgeschwindigkeit unsere Naturgesetze bestimmt. Das gesagte gilt ebenso für die Kernspaltung, bei der entsprechende Massenverluste auftreten, die wir zur Energiewandlung und Atombomben missbrauchen.

Umgekehrt kann man **aus Energie Materie erzeugen.** In riesigen **Beschleunigerringen** für atomare und andere Teilchen werden diese mit Geschwindigkeiten nahe der Lichtgeschwindigkeit aufeinander geschossen und die entstehenden Bruchstücke analysiert. Hierbei stellt man fest, dass massereichere Teilchen quasi aus dem »Nichts« entstanden sind, für was wir fälschlicherweise das **Vakuum** halten.

Wir stellen also fest, dass Masse, Energie, Raum-Zeit und Gravitation untrennbar miteinander verbunden sind.

Schwere Objekte, die sich durch den Raum bewegen, verursachen **Gravitationswellen**, da sie das **Raumzeitkontinuum** verzerren, was sich als **Welle** äußert.

Allerdings kommen solche Wellen bei uns auf der Erde in so geringer Intensität an, dass sie messtechnisch kaum nachweisbar sind.

Eine weitere Erscheinung sorgt für wissenschaftliche Diskussionen:

Die Existenz **schwarzer Löcher.**

Man vermutet in den meisten Galaxienzentren schwarze Löcher. Dies sind so massereiche Objekte, dass sogar Licht nicht mehr entweichen kann und sie praktisch »verschwinden«. Man kann sie aufgrund ihrer **gigantischen Gravitationswirkung** erkennen. Sie können die Masse von Milliarden Sonnen besitzen und verschlucken jegliche Materie die ihnen zu nahe kommt.

Ab einer bestimmten Sonnengröße können im Endstadium auch in **Sonnensystemen** schwarze Löcher entstehen. Sie scheinen eine gar nicht so seltene Naturerscheinung zu sein und bieten Anlass für viele wissenschaftliche Untersuchungen und Theorien. Sie haben in unseren Augen etwas Endgültiges und Mystisches. Sie sind gigantische »Ma-

teriefresser« aus denen nicht einmal mehr Licht entweichen kann, weswegen sie schwarz erscheinen.

Schwarze Löcher krümmen extrem die Raumzeit. Wie wir erfahren haben, gehen Uhren in stark gekrümmten Raumzeitkontinuen langsamer. Starke Raumzeitkrümmungen bedeuten starke Schwerkraft.

Bei einem Schwarzen Loch geht dies so weit, dass für einen Beobachter es so erscheint, dass ein vom Schwarzen Loch angezogenes Objekt irgendwann »einfriert«, weil scheinbar keine Zeit mehr vergeht. Man nennt diesen Abstand auch **Ereignishorizont** oder **Schwarzschildradius**. Karl Schwarzschild errechnete ihn aus den Einstein'schen Feldgleichungen, aber der Name ist auch sehr passend.

Für das hineinfliegende Objekt sieht es dagegen so aus, als würde die Zeit außerhalb unendlich schnell vergehen, aber die eigene Uhr läuft weiter...

Was innerhalb eines Schwarzen Loches geschieht, weiß letztendlich niemand genau.

Wir haben in unserem Gumminetzmodell die Schwerkraft als Raumzeitkrümmung einigermaßen verinnerlicht. Man kann die Gravitation deshalb auch als **geometrisches Phänomen** betrachten. Eine Masse will sich auf dieser Art Rutschbahn bewegen und wird durch die reale Oberfläche eines massereichen

Körpers daran gehindert, wie z. B. auf der Erde oder jedem anderen Himmelskörper. Was passiert? Wir werden eine Kraft messen können:

Die Schwerkraft.

Gezeitenkraft

Alle Körper fallen (im Vakuum) gleich-schnell aus derselben Höhe. Was passiert, wenn man sie übereinander anordnet?

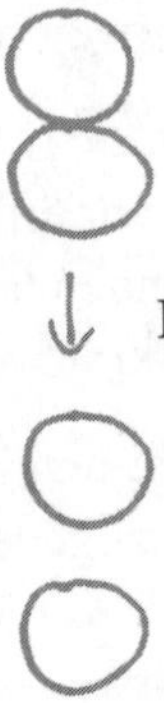

Weil die Kugeln **unterschiedlichen Abstand zum Erdmittelpunkt** haben, werden sie immer leicht unterschiedlich stark angezogen. Wir erinnern uns, dass die Gravitation mit $1/r^2$ abnimmt. Die inneren Kugeln werden also schneller beschleunigt als die äußeren, weswegen sie sich langsam im freien Fall voneinander entfernen. Man nennt dies den **Gezeiteneffekt**. Alle Himmelskörper üben diesen Effekt aufeinander aus. Wenn der Mond die Erde anzieht, wird die zugewandte Seite etwas stärker als die Mitte und noch etwas stärker als die gegenüberliegende Seite angezogen. Gibt die Oberfläche der Erde leicht nach, wie z. B. das Wasser, ergibt sich folgendes Bild:

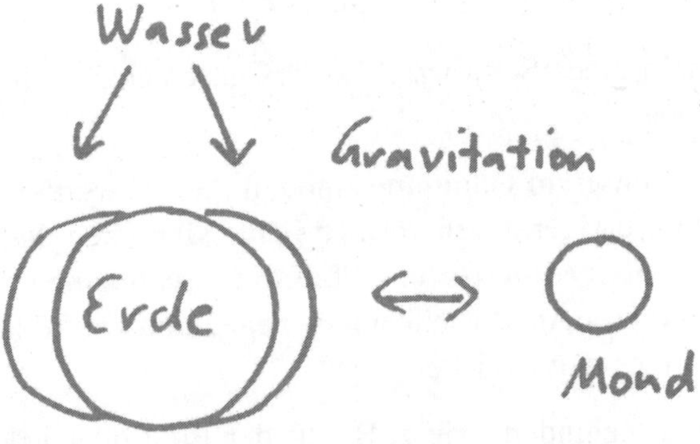

Wasser

Gravitation

Erde ⟷ Mond

Genau dasselbe geschieht mit Massen, die sich in einem Schwerefeld befinden.

Bei extremen Schwerefeldern werden deswegen zu nahekommende Objekte regelrecht zerrissen, wie dies z. B. bei Schwarzen Löchern vorkommt.

Jetzt werden vielleicht manche sagen, dass die Schwerkraft sich durch $F = m \cdot g$ beschreiben lässt und somit für eine gegebene Masse immer gleich sei.

Soweit ist das auch korrekt, aber die Erdbeschleunigung g ist nur auf der Erdoberfläche ziemlich konstant. Mit zunehmender Höhe wird sie immer kleiner, was genau den Gezeiteneffekt auch quantitativ beschreibt.

Die Gezeitenkräfte sind dann **Fg = m • (g_2 - g_1)**

Wobei g_1 und g_2 Funktionen der Erdmasse und der Höhe (Radius) sind, entsprechend

$$F = G • m_1 • m_2/r^2$$

Man macht diese Gezeitenkräfte dafür verantwortlich, dass sich die Erde im Laufe ihrer Geschichte **immer langsamer** dreht.

Der Mond wendet uns aus den selben Gründen immer die gleiche Seite zu. Er hat aufgehört, sich um sich selbst zu drehen. Warum? Weil **Gezeitenkräfte** innere Reibung verursachen, wenn sich ein angezogener Planet dreht. Sein **Drehimpuls** wandelt sich so langsam in Wärme um, bis er zum Stillstand gekommen ist. Stillstand bedeutet, dass er der anziehenden Masse immer die gleiche Seite zuwendet.

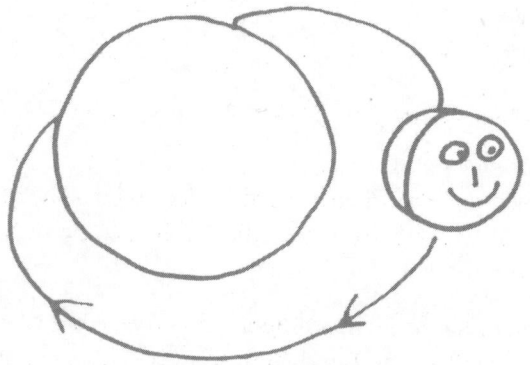

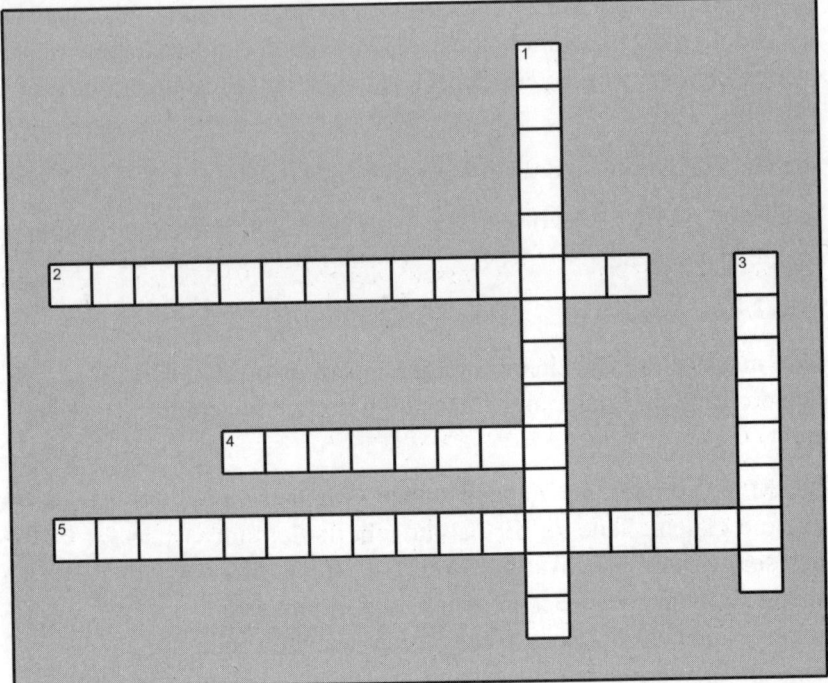

waagerecht

2. relativistische Zeitdehnung
4. Massen krümmen die
5. Schwerkraftwelle

senkrecht

1. nahe d. Lichtgeschwindigkeit
3. Gravitationswirkung

Wärme & Co

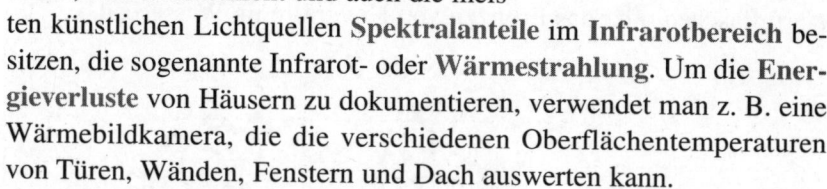

Im Kapitel Optik haben wir schon gesehen, dass Sonnenlicht und auch die meis-
ten künstlichen Lichtquellen **Spektralanteile** im **Infrarotbereich** besitzen, die sogenannte Infrarot- oder **Wärmestrahlung**. Um die **Energieverluste** von Häusern zu dokumentieren, verwendet man z. B. eine
Wärmebildkamera, die die verschiedenen Oberflächentemperaturen
von Türen, Wänden, Fenstern und Dach auswerten kann.

Wärmestrahlung hat also etwas mit Energie zu tun. Das wohlige Auf-
wärmen an einem Lagerfeuer geschieht hauptsächlich durch **Absorp-
tion** unserer Kleidung von **Infrarotstrahlung**.

Diese wird von den schwingenden Atomen und Molekülen erzeugt, die
im Feuer durch chemische Prozesse ihre **Schwingungsenergie** hierzu
erhalten.

Fossile Brennstoffe erzeugen durch **Verbrennung** an der Luft Energie,
die sich in Form von Körper- und Strahlungswärme ausnutzen lässt.
Vereinfacht ausgedrückt entsteht im Wesentlichen bei der Verbrennung
aus Kohlenstoff und Sauerstoff unter Energieabgabe Kohlendioxid.
Werden auch Kohlenwasserstoffe verbrannt, dann entsteht zusätzlich
als weiterer Hauptbestandteil Wasser, neben einer ganzen Kette von
unerfreulichen Nebenprodukten wie Rauschgasen, Dioxinen, Stickoxi-
de, Schwefeldioxid, usw.

Wärme hat die Tendenz sich auszubreiten. Eine Art der Ausbreitung ist die **Wärmestrahlung**. Eine andere ist die **Wärmeleitung**. Wenn wir einen heißen Gegenstand anfassen, wird dessen **Schwingungsenergie** direkt an unsere Haut übertragen. Wir nutzen dieses Prinzip z. B. bei Wärmflaschen oder das Erhitzen von Kuverture im Wasserbad.

Vielleicht habt ihr schon mal was von der **Brown'schen Molekularbewegung** gehört? Brown war ein Botaniker, der sich vor rund 200 Jahren gewundert hat, warum sich Pflanzenpollen im Wasser unter dem Mikroskop zickzackförmig und unregelmäßig bewegen.

Die Ursache hierfür ist die später nach ihm benannte **Molekularbewegung**, wobei temperaturbedingt die Wassermoleküle die Pollen statistisch anstoßen, was zu deren merkwürdigen Bahnen führt. Jetzt wird auch verständlich, warum sich z. B. Zucker in heißem Wasser wesentlich besser löst als in kaltem. Die Wassermoleküle »verteilen« bei höherer Temperatur die Zuckermoleküle besser als in kaltem.

Bei gelösten Gasen, wie z. B. Kohlendioxid in Mineralwasser, verhält es sich genau umgekehrt. Die Brown'sche Molekularbewegung treibt bei zunehmender Temperatur die gelösten Gasmoleküle wieder aus. Wenn Wasser kocht, erreichen viele Wassermoleküle eine derart große Geschwindigkeit, dass sie die Oberfläche verlassen können und als Wasserdampf entweichen.

Dieser **Siedepunkt** ist druckabhängig. Warum? Wir alle kennen Dampfkochtöpfe aus der Köche. Durch den beim Kochen erzeugten **Dampfdruck** siedet das Wasser erst bei Temperaturen deutlich über 100 Grad Celsius!

Wie fast immer in der Natur herrscht auch hier ein Gleichgewicht der Kräfte. Die Wasserdampfmoleküle wollen zurück zum Wasser, indem sie **kondensieren**.

Die durch das Sieden verursachten aus dem Wasser herausfliegenden Moleküle wollen in die entgegengesetzte Richtung. Bei normalem Luftdruck können die entwichenen Wasserdampfmoleküle einfach wegfliegen, beim Dampfkochtopf werden sie aber zurückgehalten und somit steigt die **Kraft** an, die die Wasserdampfmoleküle Richtung Wasseroberfläche ausüben, die wiederum die im Wasser befindlichen Moleküle, die entweichen wollen, daran hindern. Als Folge steigt der Druck weiter an, bis sich ein neues Gleichgewicht eingependelt hat.

Allgemein kann man sagen, dass sich größere Moleküle bei gleicher Temperatur langsamer bewegen als kleine. Was wir Temperatur nennen, kann man als statistischen **Mittelwert aller Impulse** der beteiligten Moleküle sehen. Es herrscht also keine gleichgroße Geschwindig-

keit aller gleichschweren Moleküle oder Atome, sondern es gibt sehr schnelle, sehr langsame und eine große Menge, die sich ungefähr mit mittlerer Geschwindigkeit bewegen.

Man muss sich vorstellen, dass 18 g Wasser (1 Mol) 6,022 • 10^{23} Moleküle enthalten. Das sind – so ungefähr – 1 Million • 1 Million • 1 Million • 1 Million Wassermoleküle in 18 Gramm Wasser. Das ist der Grund, warum wir die einzelnen Molekülstöße nicht spüren können.

Zurück zum Wärmetransport.

Die dritte Möglichkeit des Wärmetransports ist die **Wärmemitführung**, wie sie z. B. in Heizungen stattfindet, in denen Wasser zentral erhitzt und dann über die Heizkörper zurückgeführt wird, in denen sie ihre Wärmeenergie an die Räume abgeben. Das zurückfließende Wasser ist danach deutlich kälter und muss wieder erhitzt werden, damit ein Kreislauf entsteht.

Solche Wärmetransporte kennt auch die Natur. Das **Wetter** ist durch den Fluss von kalten und warmen Luftmassen bedingt. Meeresströmungen erwärmen z. B. die Küsten Europas und sorgen für ein mildes Klima im Winter.

Die Wärme steckt also quasi in Materialien drin, weswegen man sie auch **innere Energie** nennt. Ein weiterer Effekt, der Wärmeenergie erzeugt, ist die **Reibung**.

Wenn wir die Hände ganz schnell aneinanderreiben entsteht Wärme, beim Abbremsen von Fahrzeugen entstehen in den Bremsen große Wärmemengen, die im Extremfall **Bremsscheiben** zum Glühen bringen können. Durch Reibung entsteht also ebenfalls Wärme, d. h. die innere Energie eines Materials wird hierdurch erhöht.

Was bedeutet die Erhöhung der inneren Energie eines Körpers konkret?

Es bedeutet, dass seine Atome und Moleküle stärker schwingen als zuvor und somit mehr Platz benötigen. Erwärmte Körper und Flüssigkeiten dehnen sich deswegen in der Regel aus, wie wir anhand eines Thermometers sehen können.

Ganze Gebäude, ja sogar Gebirge wachsen und schrumpfen durch **Temperaturschwankungen** minimal, was zu Rissen und Zerfall im Laufe der Jahrtausende bis Jahrmillionen führt. Das Endstadium ist feiner Sand und Staub, entstanden letztendlich durch ständige Veränderungen der **inneren Energie**.

Jedes Material hat spezifische Längenausdehnungskoeffizienten mit deren Hilfe man berechnen kann, um wie viel sich das Material dehnt oder zusammenzieht, wenn eine **Temperaturdifferenz** auftritt. Wenn ihr Euch mal große Brücken anschaut, so werdet ihr sehen, dass diese beweglich gelagert sind, damit das **Dehnen** im Sommer und das **Schrumpfen** im Winter nicht zu einem Bersten der Brücke führen kann.

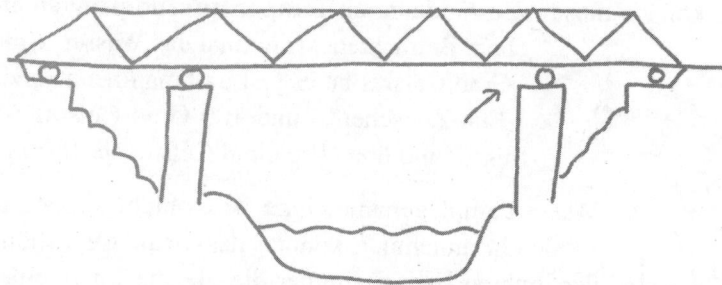

Beim Fliesenlegen plant man aus den gleichen Gründen **Dehnungsfugen** aus Gummi oder Silikon ein. Die absoluten Längenänderungen scheinen minimal zu sein, aber die auftretenden Kräfte gehen bis an die Bruchgrenze des verwendeten Werkstoffes und können somit enorm sein.

Die Temperatur hängt also direkt mit der inneren Energie eines Körpers zusammen. Aber die Temperatur ist nicht der einzige Faktor, der die **innere Energie** bestimmt. Wenn wir mit kochendem Wasser in Berührung kommen, können wir uns schwere Verbrennungen holen. Ein 100 Grad Celsius heißer Styroporwürfel hingegen wird dies nicht erreichen können. Wo liegt der Unterschied?

Das Styropor hat eine wesentlich geringere **Wärmekapazität**. Was ist denn das schon wieder?

Wenn wir uns die Haare föhnen, erreicht die Luft locker 100 Grad Celsius. Würde nicht Luft sondern Wasser das Medium sein, würden wir uns sofort verbrühen.

Wasser speichert also bei gleicher Temperatur wesentlich mehr Energie als Luft.

Das ist die Lösung für diesen scheinbaren Widerspruch. Doch dazu später mehr.

Die Aggregatzustände

Wie kennen 3 Aggregatzustände: **Fest, flüssig und gasförmig**. Viele Stoffe können diese 3 Zustände durch **Temperaturänderungen** erreichen. Betrachten wir einmal das Wasser. Unter 0 Grad Celsius ist es fest und man nennt es dann Eis. Zwischen 0 und 100 Grad Celsius ist es flüssig und über 100 Grad Celsius gasförmig,

Wasserdampf genannt. Jetzt ist es nicht so, wie man vielleicht annehmen könnte, dass man zur Erhöhung der inneren Energie immer die gleiche Energiemenge von außen pro Grad zuführen müsste. Je nach innerem »Umbau« der Molekülstrukturen ist hierfür mehr oder weniger Energie notwendig. Um Eis zu schmelzen wird relativ viel zugeführte Energie benötigt, für die Erwärmung von Wasser hingegen im Verhältnis deutlich weniger. Stearin dient so z.B als Speicher für **latente Wärme**, da es in einem sehr kleinen Temperaturbereich große Wärmemengen speichern bzw. wieder abgeben kann. Man kann dies zum Speichern von Solarenergie verwenden.

Da Wärme also eine innere Energie ist, die von der Temperatur abhängt, können wir relativ leicht diese **Energiemengen** bestimmen.

Zuvor ein Wort zur Temperaturmessung. In unseren Breiten benutzen wir die **Celsiusskala**, die sich am Gefrier- und Siedepunkt von Wasser orientiert. Physikalisch korrekt ist hingegen die **Kelvin-Skalierung**, deren Nullpunkt bei –273,15 Grad Celsius liegt. Das klingt sehr kalt und ist es auch. Bei dieser Temperatur treten keinerlei Wärmeschwingungen von Atomen und Molekülen mehr auf, weswegen man sie auch den **absoluten Nullpunkt** nennt.

Selbst im kalten Weltraum herrschen »nur« so um die –180 Grad Celsius, also immer noch etwa 93 Grad Kelvin wärmer als der absolute Nullpunkt.

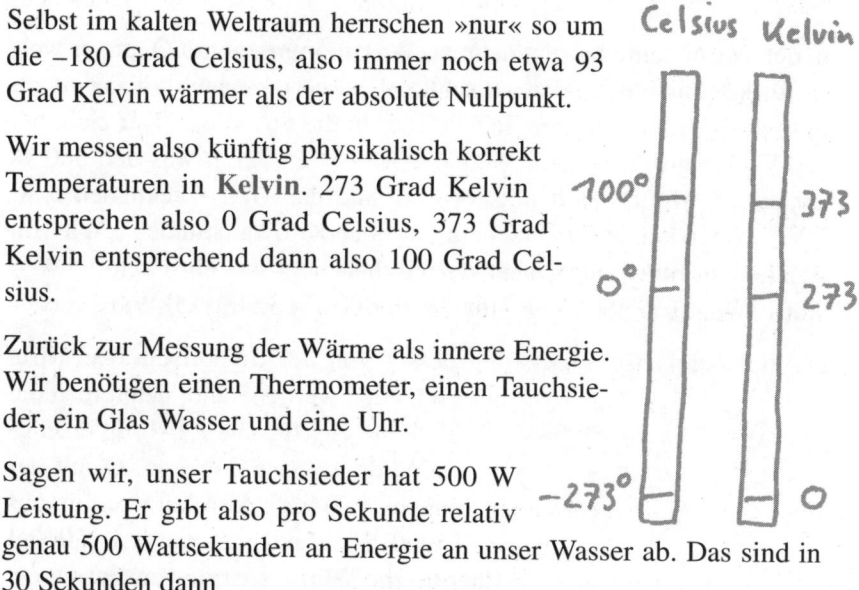

Wir messen also künftig physikalisch korrekt Temperaturen in **Kelvin**. 273 Grad Kelvin entsprechen also 0 Grad Celsius, 373 Grad Kelvin entsprechend dann also 100 Grad Celsius.

Zurück zur Messung der Wärme als innere Energie. Wir benötigen einen Thermometer, einen Tauchsieder, ein Glas Wasser und eine Uhr.

Sagen wir, unser Tauchsieder hat 500 W Leistung. Er gibt also pro Sekunde relativ genau 500 Wattsekunden an Energie an unser Wasser ab. Das sind in 30 Sekunden dann

30s • 500 W = 15000 Ws oder 15000 J (Joule)

In der Wärmetechnik verwendet man als Maß für die Wärme J. (Dschuhl). Da Physiker gerne verstorbene Kollegen beweihräuchern, wurde uns diese Einheit beschert. Ws für Wattsekunden hätte es auch getan, schließlich war Herr Watt ja auch schon ein toter Physiker ;-)

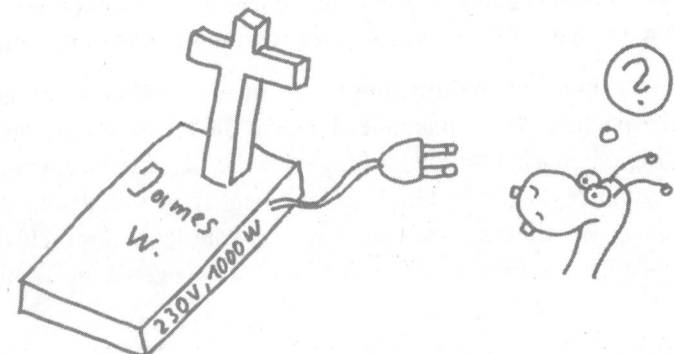

In der Wärmelehre bezeichnet man **Wärmemengen** mit Q, um es weiter zu komplizieren. Aber so schlimm ist es jetzt auch wieder nicht. Also wir stöpseln unseren Tauchsieder in die Steckdose. Der zieht bei 230 V also gut 2 Ampere (500 W/230 V = 2.17..A), was den 500 W entspricht. Multipliziert mit der Zeit sind das Watt • Sekunden bzw. »Ws.« (Wir kennen wahrscheinlich eher Kilowattstunden kWh von unserer Stromrechnung, aber dazwischen liegt nur ein Faktor: 1W = 0.001 kW, 1 h = 3600 s → 1000 W • 3600 s = 3.600.000 Ws)

Da diese elektrische Leistung besser von der **thermische Leistung** unterschieden werden kann, nennt man die durch die **elektrische Leistung** erzeugte Wärmeenergie (-menge) Q mit der Einheit J (Joule). Also kurz gesagt, aus 15000 Ws elektrisch werden 15000 J thermische Wärmeenergie genannt Q.

Zurück zu unserem Versuch:

In ein großes Becherglas füllen wir 1 Liter Wasser und bestimmen dessen Temperatur. Wir zeichnen uns ein Diagramm bei dem die x-Achse die zugeführte **Wärmemenge Q** darstellt, ein Kästchen soll 10000 J entsprechen. Die y-Achse stellt die **Temperaturdifferenz** multipliziert mit der erwärmten Masse dar (1 kg in unserem Fall).

Wir schalten nun den Tauchsieder ein, lesen alle 30 Sekunden das Thermometer ab und tragen folgende Werte in unser Diagramm ein:

x-Achse: die zugeführte Wärmemenge in jeweils 30 Sekunden, also 15000 J, 30000 J, 45000 J. y-Achse: die aktuelle Temperaturdifferenz zur Anfangstemperatur • 1kg

Wir erhalten eine Gerade und stellen fest, dass die Temperaturdifferenz linear mit der zugeführten Wärmemenge wächst (solange das Wasser nicht siedet).

Wiederholen wir den Versuch mit einer anderen Wassermenge, stellen wir fest, dass unsere Gerade eine andere Steigung hat. Trivial ausgedrückt: Bei halber Wassermenge und gleicher Energiezufuhr erwärmt sich das Wasser doppelt so schnell, bei doppelter Wassermenge nur halb so schnell. Das habt Ihr sicherlich auch erwartet.

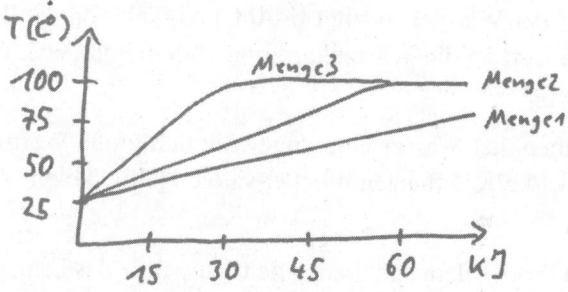

Die Wärme ist also proportional der Masse • der Temperaturerhöhung. »Proportional« sagt der Physiker oder Mathematiker immer, wenn er gleich einen unbekannten Faktor bestimmen will.

Der Quotient aus Q geteilt durch die Masse und geteilt durch die Temperaturdifferenz nennt man **spezifische Wärmekapazität** oder einfacher spezifische Wärme c (mal kein toter Physiker als Namensvetter). Die Einheit ist [J/kg/K], gesprochen »Dschuul pro Kilogramm pro Kelvin«

Wärmekapazität c in kJ/kg/K

Langer Rede kurzer Sinn: Dieser Faktor sagt etwas darüber aus, wie viel Energie (Wärmemenge) 1 kg eines Stoffes bei 1 Kelvin Temperaturerhöhung speichern kann.

Nachfolgend eine kleine Tabelle verschiedener Stoffe und deren spezifische Wärmekapazität:

Material	Wärmekapazität c [J/kg /K]
Wasser	4190
Pflanzenöl	1980
Luft	1000
Hartholz	2400
Kupfer	395
Glas	850

Es ist zu beachten, dass die Wärmekapazität ebenfalls **temperaturabhängig** ist.

Für genaue Berechnungen benötigt man deswegen Diagramme, die den Verlauf der Wärmekapazität in Abhängigkeit von der Temperatur zeigen. Bei Luft ist die Wärmekapazität zudem von der Luftfeuchtigkeit abhängig.

Wie wir sehen, hat Wasser eine ungewöhnlich große Wärmekapazität von 4.186 kJ/kg/K, Pflanzenöl hat etwa die Hälfte davon. Was bedeutet das?

Nun, wenn ihr in Pflanzenöl baden würdet, würde das Erhitzen des Öls nur ungefähr halb so lange dauern, wie bei Wasser, aber es würde auch nur halb so lange warm bleiben ☺.

So zumindest in unserem vereinfachten Modell. Es würde korrekt stimmen, wenn das Wasser nicht verdunsten könnte und somit dem Bad vorzeitig Wärme entzieht.

Die zugeführte Wärmemenge Q ist gleich der Wärmekapazität • der benutzen Masse • der erreichten Temperaturdifferenz:

Wärmemenge Q = c • m • dT

Dies ist, wie gesagt, eine **Energie**.

Soweit zur spezifischen Wärmekapazität, dem Wärmespeichervermögen spezifischer Stoffe. Aber woher kommen die unterschiedliche Wärmekapazitäten verschiedener Stoffe? Hier spielen die sogenannten **Freiheitsgrade** der Moleküle eine große Rolle, deren Bindungen untereinander und der Molekülgröße.

Atome und Moleküle können **Rotationsenergie** aufgrund verschiedener **Rotationsachsen** speichern. Im Prinzip wäre z. B. ein rotierendes Rad ein Beispiel für

Energiespeicherung. Das Rad könnte sich um seinen Mittelpunkt drehen. Es könnte sich aber auch um die Achse seines Durchmessers drehen. Fassen wir jetzt 2 solcher Räder zusammen, dann können sie sich zusätzlich um alle 3 Raumachsen drehen. Das Modell veranschaulicht in etwa, was man unter Freiheitsgraden versteht und warum mit jedem zusätzlichem Freiheitsgrad die Fähigkeit Wärmeenergie zu speichern steigt. Wassermoleküle haben aufgrund einiger molekularer Besonderheiten relativ viele Freiheitsgrade.

Nun ein leicht anderes Thema: Heizen und Energie

Der **Heizwert** (Brennwert) eines brennbaren Stoffes gibt an, wie viel Wärme aus 1 kg desselben maximal gewonnen werden können. Eine kleine Tabelle soll uns das veranschaulichen:

Material	Brennwert [MJ/kg]
Propan, Butan	46
Diesel	42
Benzin	48
Wasserstoff	120
Holz, trocken	10
Steinkohle	33
Spiritus	27
Papier	15
Rapsöl	37

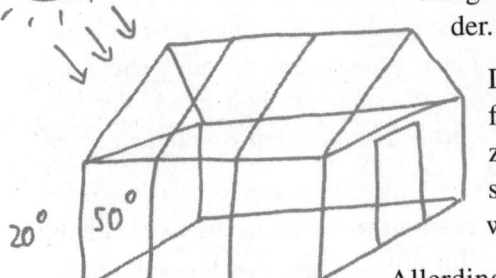

Man beachte, dass die Angabe in MJ und nicht in J erfolgt! Hier geht es um vielfach größere Energien als in unserem Becherglasversuch mit dem Tauchsieder.

Da diese typischen Brennstoffe sehr hohe Heizwerte besitzen, werden sie, wie der Name schon sagt, zum Heizen verwendet.

Allerdings haben sie für die Umwelt Nachteile. Betrachtet man die fossile Brennstoffe wie Gas, Öl und Kohlesorten, so werden große Mengen Kohlendioxid freigesetzt, die offensichtlich zur Erwärmung der Erdatmosphäre beitragen, weil sie den **Treibhauseffekt** fördern. Der Treibhauseffekt kommt dadurch zustande, dass bestimmte Gase die Eigenschaft haben, die Wärmestrahlung der Erdoberfläche zu reflektieren, während sie die kurzwelligeren Anteile der Sonnenstrahlung durchlassen. Dadurch steigen die mittleren Oberflächentemperaturen der Erde an.

In einem echten Treibhaus übernehmen die Glasscheiben diese Funktion.

Daneben entstehen noch eine ganze Reihe von Schadstoffen. Regenerative Heizstoffe wie Holz oder Pflanzenöl verhalten sich zwar in der Ökobilanz neutral, setzen aber auch bei der Verbrennung Schadstoffe frei, z. B. auch große Mengen Feinstaub, der auch lungengängig ist. Man konnte z. B. in Körpern verstorbener Mönche Kerzenrußpartikel im Gewebe nachweisen (!).

Aus diesen Gründen versucht man die **Solarenergie** direkt zu nutzen. Immerhin werden wir durchschnittlich von der Sonne mit knapp einem Kilowatt pro Quadratmeter beglückt. Dies geschieht über sichtbare und Wärmestrahlung.

Die sichtbare Strahlung kann man mit einem relativ schlechten Wirkungsgrad in elektrischen Strom mittels **Solarzellen** wandeln. Die Energiebilanz von Solarzellen ist auch nicht so berauschend, wenn man die Energiekosten der Herstellung und die damit verbundenen Umweltbelastungen in Verhältnis zur späteren Energiegewinnung setzt.

Hier ist die **Windenergienutzung** wesentlich effektiver, genauso wie die **Wasserkraft** in Form von **Staudämmen**, **Wasserrädern** und **Gezeitenkraftwerken**.

Für den Privatmann energetisch auf jeden Fall lohnend, auch in unseren Breiten sind **Sonnenkollektoren**, die thermische Energie aus der Sonnenstrahlung gewinnen. Der Grundaufbau ist recht einfach:

Der Anschaffungspreis amortisiert sich ebenfalls in wenigen Jahren. Wenn man bedenkt, dass man für Heizkosten immer noch die größten Aufwendungen für Energie hat, ist es eigentlich unverständlich, dass nicht jeder Hausbesitzer eine solche Anlage betreibt.

Sonne

Spezialglas

Isolation

Cu-Rohre   schwarzes Absorberblech

Ein anderes Prinzip ist die Gewinnung von Wärme durch **Wärmepumpen**. Eine Wärmepumpe ist eine Art umgekehrter Kühlschrank, bei dem ein leidlich warmes Medium weiter abgekühlt wird und die Abwärmespirale die gewonnene Energie an einen Heizkreis abführt. Leider läuft dieses System nicht von selbst, sondern es muss eine Kompressorpumpe mit einem **Kühlmittelkreislauf** betrieben werden, was natürlich auch Energie kostet.

Trotzdem liegt der Wirkungsgrad sehr hoch. Mit 1kW elektrischer Energie kann man durchaus 4 kW Wärmeenergie gewinnen.

Das Einzige, was die Freude über dieses effektive System trübt, ist der schlechte Wirkungsgrad unserer Energiesysteme. So kommt »der Strom aus der Steckdose« nur etwa mit 30% Wirkungsgrad an, d. h. wir haben satte 70% für die Erzeugung und Leitung auf dem Weg zu unserer Steckdose vergeudet. Das ist physikalisch betrachtet eine Katastrophe für die Stromkosten und die Umwelt.

Das ist der Grund, warum seit Jahren **dezentrale Energiesysteme** gefordert werden, um die Leitungsverluste geringer zu halten.

Die aussichtsreichste Variante der Energiegewinnung ist aus physikalischer Sicht die **Geothermie (Erdwärme)**. Das Innere unseres Planeten ist sehr heiß, weil radioaktive Zerfallsprozesse große Wärmemengen produzieren, die aus menschlicher Sicht unerschöpflich sind. Man kennt diese Wärme aus dem Bergbau, bei dem sie für die Bergleute sogar lebensbedrohlich werden kann, wenn man nicht durch Abpumpen der heißen Luft und Zufuhr von kalter Frischluft die Stollen künstlich kühlen würde.

Das Prinzip ist recht einfach: sehr tiefes Loch buddeln (bohren), Rohre rein, mit einer Wärmepumpe die Wärme entziehen und wieder zurückpumpen. Für eine Wärmepumpe kann man im

Prinzip jedes Medium benutzen, das konstant Wärme liefern kann, wie Luft, Brunnenwasser, etc. Natürlich ist es wirtschaftlicher, wenn das Medium bereits eine relativ hohe Temperatur besitzt.

Die erreichbare Temperatur bei der Geothermie hängt von der Bohrtiefe, den geologischen Gegebenheiten und der Isolation ab. Island hat mit seinem heißen Felsgestein natürlich ideale Voraussetzungen für die Geothermie, aber auch hierzulande ist sie eine sehr gute Alternative, auch betreffend der Kosten, zu konventionellen Energieträgern. Zudem ist sie sehr **umweltfreundlich** und die einzige Alternativenergie, die sogar die **Gestehungskosten pro kWh** konventioneller Kraftwerke unterbieten kann. Nachteilig sind sicher die erforderlichen Investitionskosten im privaten Wohnungsbau, aber die Energiekosten werden mit zunehmender Verknappung des Erdöls immer weiter steigen, was eine solche Investition in ganz anderem Licht erscheinen lässt, sieht man mal von der ohnehin großen Entlastung der Umwelt einmal ab.

Energiegewinnung und **Effizienz** sind ein Aspekt, ein anderer ist das Energiesparen. Betrachtet man sich ein typisches Wohnhaus, so kommen praktisch alle Außenflächen für **Energieverluste** in die Umwelt in Frage.

Die Wärmeverluste kann man beschreiben als Faktor • Außenfläche • Temperaturdifferenz • Zeit:

$$Q = k \cdot A \cdot dT \cdot t$$

Stellt man nach dem Faktor k um erhält man:

$$k = Q/A/dT/t \text{ in } [W/K/m^2]$$

Dies ist der sogenannte **K-Wert** bzw. **Wärmedurchgangskoeffizient**. Er ist ein direktes Maß dafür, wie viel Wärme pro Quadratmeter bei einer gegebenen Temperaturdifferenz (Innen-Außen) verloren geht. Er dient z. B. zur Berechnung der zu erwartenden **Wärmeverluste** bei Neubauten.

Es zahlt sich in jedem Fall für die Umwelt und den Geldbeutel aus, sein Haus mit wärmedämmenden Maßnahmen sparsamer zu machen und damit umweltfreundlicher zu handeln.

Warum kann man eigentlich nicht direkt aus einer Wärmemenge Energie in eine andere Form wandeln?

Wärme ist ja schließlich Energie. Das Problem liegt darin, dass diese Wärme aus **ungeordneten Molekularschwingungen** besteht und keinerlei Eigeninteresse hat, sich von selbst zu ordnen, um einen anderen Energiezustand einzunehmen.

Jeder Versuch der Umstrukturierung von außen, wie z. B. Abkühlung, ist wieder mit **Energieaufwand** verbunden. So ähnlich wie sich ein Chaos im Kinderzimmer nicht mehr von selbst aufräumt, sondern nur mit Energieaufwand wieder in den ursprünglichen Zustand zurückversetzt werden kann, verhält es sich auch mit der Wärme. Dieses irreversible Chaos der Wärme nennt man **Entropie**. Man bekommt also nie wieder die gleiche Energie aus einem erwärmten Körper heraus, die man Mal hineingesteckt hat, weil sich das **Maß der Unordnung**, die Entropie, nicht mehr auf den ursprünglichen Zustand reduzieren lässt.

Das ist der Grund, warum es kein **Perpetuum mobile** geben kann, denn jede Maschine unterliegt der Entropie und »verliert« deshalb Energie.

Anders ausgedrückt kann ein Wirkungsgrad deswegen nie 100 % erreichen.

Entropie kann man sehen, wenn man eine Pflanze ein paar Wochen in absolute Dunkelheit stellt. Sie wird welk und zerfällt letztendlich zu Staub. Ohne ständige **Energiezufuhr** ist es nicht möglich, gegen die Entropie an-

zukämpfen. Das ganze irdische Leben ist aus den gleichen Gründen auf Energiezufuhr angewiesen.

Die Kalorien

Wer kennt sie nicht, die ewigen Diskussionen um **Kalorien** und dicke Bäuche, Figurprobleme, Diabetes und Schönheitswahn?

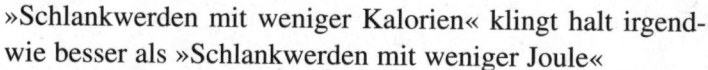

Was sind denn Kalorien? Es ist ein veraltetes Maß für **Brennwerte**, das sich hartnäckig im Lebensmittelbereich erhält, so wie die PS bei den Autos.

»Schlankwerden mit weniger Kalorien« klingt halt irgendwie besser als »Schlankwerden mit weniger Joule«

Grob gesagt, ist **1 Kalorie die Wärme, die man benötigt, um 1 g Wasser um 1 Grad Celsius zu erwärmen.** Mit 1 kcal kann man somit 1 kg Wasser (1 Liter) um 1 Grad Celsius erwärmen.

Schön, aber was hat das mit Nahrung zu tun? Unser Körper benötigt auch Energie und zwar ständig. Ohne Energiezufuhr würden wir rasch sterben.

Da Kalorien nicht unbedingt so in das internationale Einheitensystem passen, benutzt man J (Joule)

1 J = 0,239 cal ➜ 1 cal = 4,1868 J

Den Brennwert bestimmt man übrigens physikalisch, was aber nicht den realen Verhältnissen im Körper entspricht.
Zellulose ist für uns z. B. völlig unverdaulich, hat aber große Kalorienwerte. Man sollte deshalb die Kalorienwerte auf Lebensmittel etwas mit Vorsicht genießen, weil sie nur als Anhaltspunkt dienen.

Bewegung und vernünftige Ernährung ersetzen völlig irgendwelche Kalorientabellen.

Luft und Wärme

Dass Luft Wasser aufnimmt, merken wir spätestens, wenn **Wolken** am Himmel stehen
oder wir im Winter unseren Atem sehen können.
Was passiert hier?

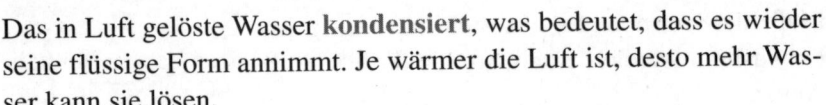

Das in Luft gelöste Wasser **kondensiert**, was bedeutet, dass es wieder seine flüssige Form annimmt. Je wärmer die Luft ist, desto mehr Wasser kann sie lösen.

Den Punkt, an dem das Wasser wieder kondensiert, nennt man **Taupunkt**.

Dieser Taupunkt ist sowohl temperaturabhängig als auch durch den Gehalt an Feuchtigkeit in der Luft bedingt. Er ist also keine feste Konstante.

Er ist auch noch vom **Luftdruck** abhängig, was am Boden aber keine große Rolle spielt, im Gegensatz zum Wetter, das sich ja in verschiedenen Höhen mit verschiedenen Druckverhältnissen abspielt.

Betrachten wir uns ein mehrstöckiges Wohnhaus mit Isolierverglasung, schön winddicht nach Wärmeschutzverordnung, also so eine Art Kreuzung aus Thermoskanne und Plastiktüte. Sagen wir, es wäre Winter und wir heizen das Innere auf 22 Grad Celsius. Bei 22 Grad Celsius kann ein Kubikmeter 19,33 g Wasser aufnehmen. Irgendwann wird die Luft zu schlecht und wir lüften.

Schön so, wie man es nicht machen soll, den halben Tag im Schlafzimmer das Fenster gekippt lassen, während am Heizkörper wegen der Minustemperaturen das Thermostatventil voll aufregelt...

OK, sagen wir das Schlafzimmer kühlt sich auf etwa 5 Grad Celsius komplett ab, sprich die Innenwände und Möbel nehmen ebenfalls diese Temperatur an.

Irgendwann schließen wir wieder das Fenster und machen die Tür auf, damit es wieder etwas wärmer wird.

Der Rest der Wohnungsluft soll 22 Grad Celsius und 70 % Luftfeuchtigkeit besitzen. Tabellen besagen, dass diese pro Kubikmeter so 15 g Wasser gelöst hat.

Die Luft ist schnell vermischt und streift an den kalten Wänden entlang, die 5 Grad Celsius haben. Was passiert?

Die feuchte, warme Luft kühlt sich an den kalten Wänden ab. Bei 5 Grad Celsius kann sie aber nur noch knapp die Hälfte an Wasser gelöst halten. Der Rest kondensiert an den Wänden, sie werden **feucht**!

Dadurch droht Gefahr der **Schimmelpilzbildung** und die Luft wirkt **muffig**, obwohl vorher gelüftet wurde!

Hieraus folgt, dass ein Durchzug durch Öffnen aller Fenster die bessere Variante wäre, da hierdurch nicht die Wände wesentlich abgekühlt werden, sondern nur die wassergesättigte Luft durch kühlere ersetzt wird. Diese kann bei Erwärmung nach Schließen der Fenster wieder neue Feuchtigkeit aufnehmen und hat damit sogar einen trocknenden Effekt, der hilft, Schimmelpilze zu vermeiden!

Wenn Kältebrücken durch schlechte Isolation vorhanden sind, werden diese ebenfalls wegen dem Erreichen des Taupunktes feucht. Hier helfen nur bauliche Maßnahmen.

Schränke sollte man nie direkt an Außenwände stellen, da diese sonst feucht werden können. Durch die behinderte **Luftzirkulation** kühlen die Innenseiten der Außenwände stärker ab, was zu vermehrter Kondensation führt. Damit werden die Wände hinter den Schränken feucht und es bilden sich Schimmelpilze.

Ein weiteres Problem kann bei mehrgeschössiger Bauweise auftreten. Hier tritt ein **Kamineffekt** auf, weil warme Luft eine geringere Dich-

te hat als die kühlere Außenluft. Hierdurch entsteht ein innerer **Über-druck**, weil die warme Luft und feuchte Luft nach oben steigt. Durch den leichten Überdruck drückt sie die feuchte Innenluft durch die kleinsten Ritzen, die dann an kälteren Flächen kondensiert und dementsprechende Bauschäden verursachen kann.

Abhilfe besteht hier nur in einer Lüftungsanlage mit Wärmetauscher, die einen leichten Unterdruck erzeugt und somit die Druckverhältnisse ausgleichen kann.

Sehr beliebte Energieverschwender sind übrigens Dunstabzugshauben und Wäschetrockner mit Abluftschlauch. Eine Dunstabzugshaube mit typisch 250 Kubikmeter pro Stunde Fördervolumen pumpt im Extremfall die warme Zimmerluft von 250 cbm/2,5 m Zimmerhöhe = 100 m² innerhalb einer Stunde nach außen. Wäschetrockner leisten aufgrund ihrer langen Laufzeit ähnlich Unerfreuliches.

waagerecht

2. Energiemaß für Wärme
5. Temperatureinheit
6. Bewegungsmöglichkeit
7. kostenlose Energie
8. Maß der Unordnung

senkrecht

1. kostenlose Energie
3. Wärmespeichervermögen
4. natürl. Wärmetransport
6. Aggregatzustand

Das griechische Alphabet

A	α	Alpha
B	β	Beta
Γ	γ	Gamma
Δ	δ	Delta
E	ε	Epsilon
Z	ζ	Zeta
H	η	Eta
Θ	θ	Theta
I	ι	Iota
K	κ	Kappa
Λ	λ	Lambda
Mμ	mμ	Mu
Nμ	nμ	Nu
Ξ	ξ	Xi
O	ο	Omikron
Π	π	Pi
P	ρ	Rho
Σ	σ	Sigma
T	τ	Tau
Y	υ	Upsilon
Φ	φ	Phi
X	χ	Chi
Ψ	ψ	Psi
Ω	ω	Omega

Gebräuchliche Dimensionen und ihre Abkürzungen

Kurzwort	Buchstabe	Größe
Tera	T	10^{12}
Giga	G	10^{9}
Mega	M	10^{6}
Kilo	k	10^{3}
Milli	m	10^{-3}
Mikro	μ	10^{-6}
Nano	n	10^{-9}
Pico	p	10^{-12}

waagerecht

4. Milliarde
5. Millionstel
7. Milliardstel

senkrecht

1. Million
2. Tausendstel
3. Billiardstel
6. Tausend

Lösungen Kreuzworträtsel

Gebräuchliche Dimensionen und ihre Abkürzungen

waagerecht

4. Milliarde
5. Millionstel
7. Milliardstel

senkrecht

1. Million
2. Tausendstel
3. Billiardstel
6. Tausend

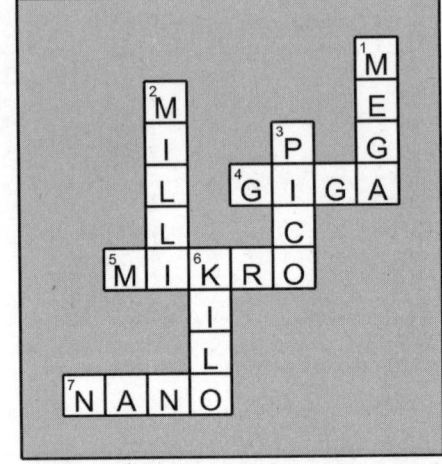

Akustik

waagerecht

1. Tonhöhe
4. Lautstärke
6. sehr tiefe Töne
9. Schallreflektion
10. Frequenzverdopplung

senkrecht

2. sehr hohe Töne
3. Oberwellen
5. Sound
7. Mitschwingen
8. Lehre vom Schall

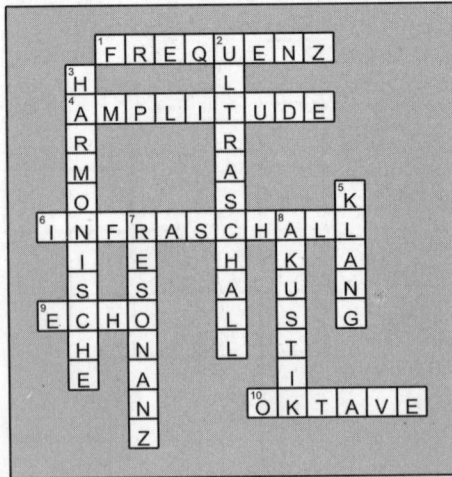

Druck & Co

waagerecht

3. Kraft pro Fläche
6. Fluggerät

senkrecht

1. Verdrängungskraft
2. Energiespeicher
4. Druckeinheit
5. Energieform

	A												
	U			D									
	F		D	R	U	C	K						
	T			U									
	R		P	C						W			
	I		A	K									
H	E	I	S	S	L	U	F	T	B	A	L	L	O	N
	B		C	U						E			
			A	F						R			
			L	T						M			
										E			

Elektrizitätslehre

waagerecht

4. Spannungseinheit
6. Energiewandler
8. Stromeinheit
10. Spannung * Strom
14. Formelzeichen Strom
15. Halbleitermaterial
16. Energieeinheit
17. Licht zu Stromwandler

senkrecht

1. Energieeinheit
2. Elektronenverschiebung
3. Stromventil
5. Widerstandseinheit
7. Leistung * Zeit
9. Elektronenfluss
11. Formelzeichen Spannung
12. Formelzeichen Widerstand
13. Überstromschutz
14. Nichtleiter
16. Metall

Optik

waagerecht

3. Wärmestrahlung
5. Querwelle
6. UV-C Schutzschicht
9. Optikereinheit

senkrecht

1. elektromagnetische Welle
2. Sehfehler
4. Lichtleiter
7. Frequenzbereich
8. Lichtquant

Magnetismus

waagerecht

2. Magnetenden
7. Magnetfeldsensor
8. Restmagnetismus
9. magn. "Leitfähigkeit"
10. Einheit der Induktivitaet

senkrecht

1. Stromerzeuger
3. kleiner Dauermagnet
4. Spule im KFZ
5. Verlustloser Leiter
6. Übertrager

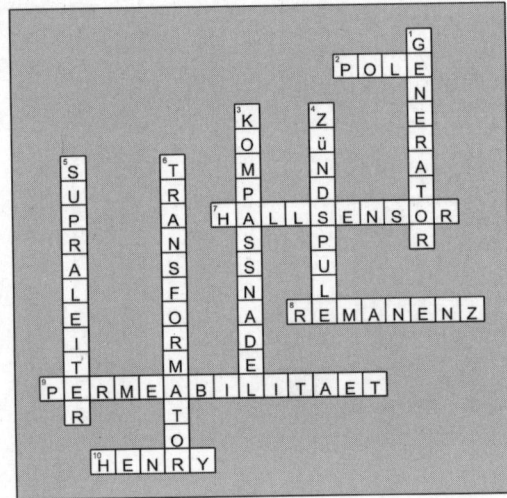

Mechanik

waagerecht

4. Kraftmesser
6. Energieeinheit
7. Kraft senkr. z. Oberfläche
8. Kraft * Geschwindigkeit
9. Weg pro Zeit
10. Energieeinheit
11. Masseeigenschaft
12. Drehimpulsgerät

senkrecht

1. Krafteinheit
2. Kraft * Radius
3. Folge d. Radialbeschleunigung
5. Energieeinheit

Quantentheorie

waagerecht

3. Effekt der Vakuumfluktuation
4. Lichtauslöschung
5. Bestimmtsein

senkrecht

1. Gerät z. Distanzmessung
2. Einheit von Raum und Zeit

Radioaktivität

waagerecht

3. radioaktiver Zeitfaktor
6. Folge der Kernspaltung
7. Nuklide gleicher Elemente
10. Geladenes Atom
11. Ursache der Strahlungsenergie
12. Quelle radioaktiver Verseuchung
13. Nukleon

senkrecht

1. Kernverschmelzung
2. Ordnungsschema
4. Heliumion
5. Summe d. Atomgewichte
8. negativ geladenes Teilchen
9. Nukleon

Relativitätstheorie light

waagerecht

2. relativistische Zeitdehnung
4. Massen krümmen die
5. Schwerkraftwelle

senkrecht

1. nahe d. Lichtgeschwindigkeit
3. Gravitationswirkung

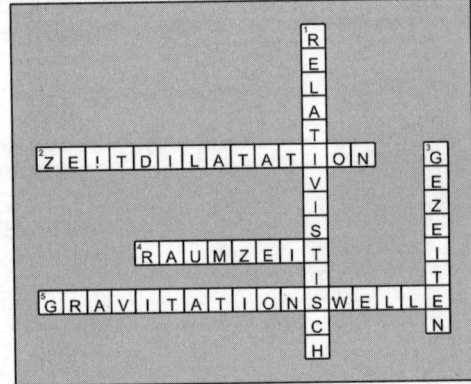

Wärme & Co

waagerecht

2. Energiemaß für Wärme
5. Temperatureinheit
6. Bewegungsmöglichkeit
7. kostenlose Energie
8. Maß der Unordnung

senkrecht

1. kostenlose Energie
3. Wärmespeichervermögen
4. natürl. Wärmetransport
6. Aggregatzustand

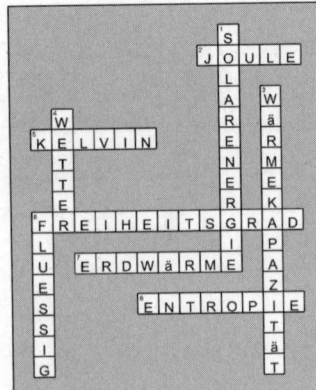

Index